GRUNDSCHULE
7
Abfall
Abfall
Warum willst du rechnen lernen?
1 2 3 4 5 6 7 8 9 10

6	7	8	9	10

Zahlen bis 10

Die Nussknacker-Kinder kennenlernen. Die Zahlen von 0 bis 10 einführen. Über das Bild sprechen, zählen, mit Material legen. Zahlenbilder und Strichdarstellungen für Zahlen besprechen. 5er-Bündelung bei Strichdarstellungen erarbeiten. Die Repräsentanten für 1 bis 5 ausmalen.

AH 3 KV 11–19 36

■ Zahlen und Operationen ● Größen und Messen ◆ Daten, Häufigkeit und Wahrscheinlichkeit
▲ Raum und Form ▼ Muster und Strukturen

Vorwissen: Was kann ich schon?

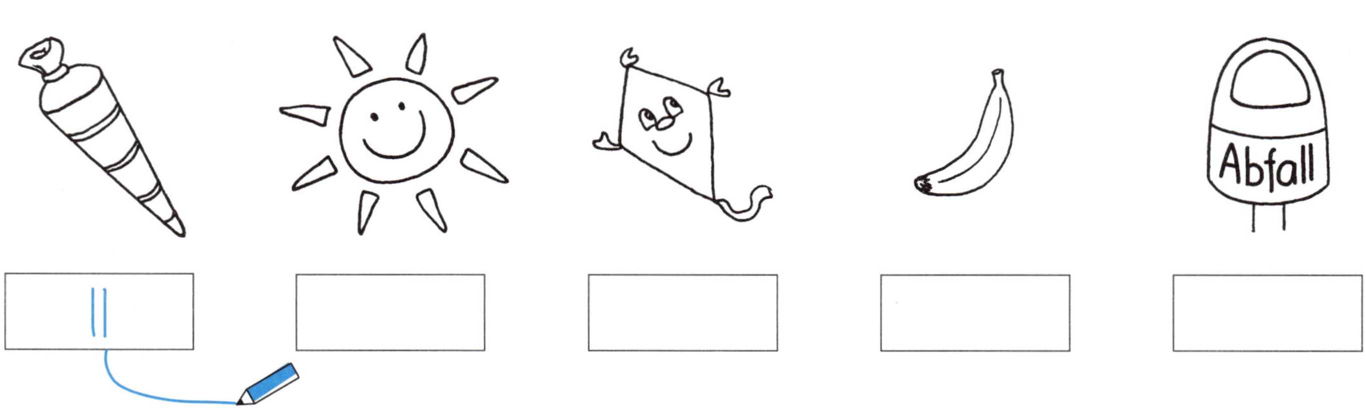

1	2	3	4	5

Arithmetische Standortbestimmung: Zum Bild erzählen. Kenntnisse über Zahlen einbeziehen. Über die Bedeutung der Zahlen und des Rechnens sprechen. Die unten abgebildeten Gegenstände im Bild suchen, deren Anzahl mit Strichliste erfassen und den Zahlen zuordnen. Die Gegenstände färben.

6	7	8	9	10	11

Strichdarstellungen für die Zahlen ergänzen. Mengen für die Zahlen 7 bis 10 zeichnen und färben.

Mehr – weniger – gleich viele

1

2

3

1 Anzahl der Kinder und die Anzahlen der Sportgeräte durch 1:1 Zuordnung vergleichen. **2, 3** Zuordnung durch Verbindungsstriche. Beginn des Ziffernschreibkurses mit der Zahl 1.

AH 4 **KV** 1 33–34, 40

1

1 1 2 2 3 3 4 4 5 5

2

Schwerpunkt der Seite ist das Zählen und Bündeln. **1** Menge und Zahl verbinden. **2** Gleiche Anzahlen einkreisen.
Ziffernschreibkurs für die Zahl 2.

Mit Strichliste zählen

1

||||

|||

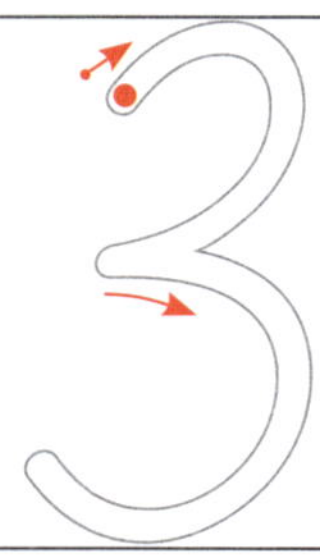

3 3 3 3 3 3 3

3 3 3

1 Über das Bild sprechen; Merkmale und Lage der Personen und Gegenstände beschreiben. Für die ausgewählten Merkmale Anzahl bestimmen und als Strichliste festhalten. Für letzte Felder eigene Merkmale wählen und Anzahl angeben.
Ziffernschreibkurs für die Zahl 3.

AH 6 **KV** 3, 21–22 42–44

1

1 2 3 3 4 4 5 5 6 6

2

4

1 Menge und Zahl verbinden. **2** Gleiche Anzahlen einkreisen.
Ziffernschreibkurs für die Zahl 4.

Anzahlen bestimmen

1

2

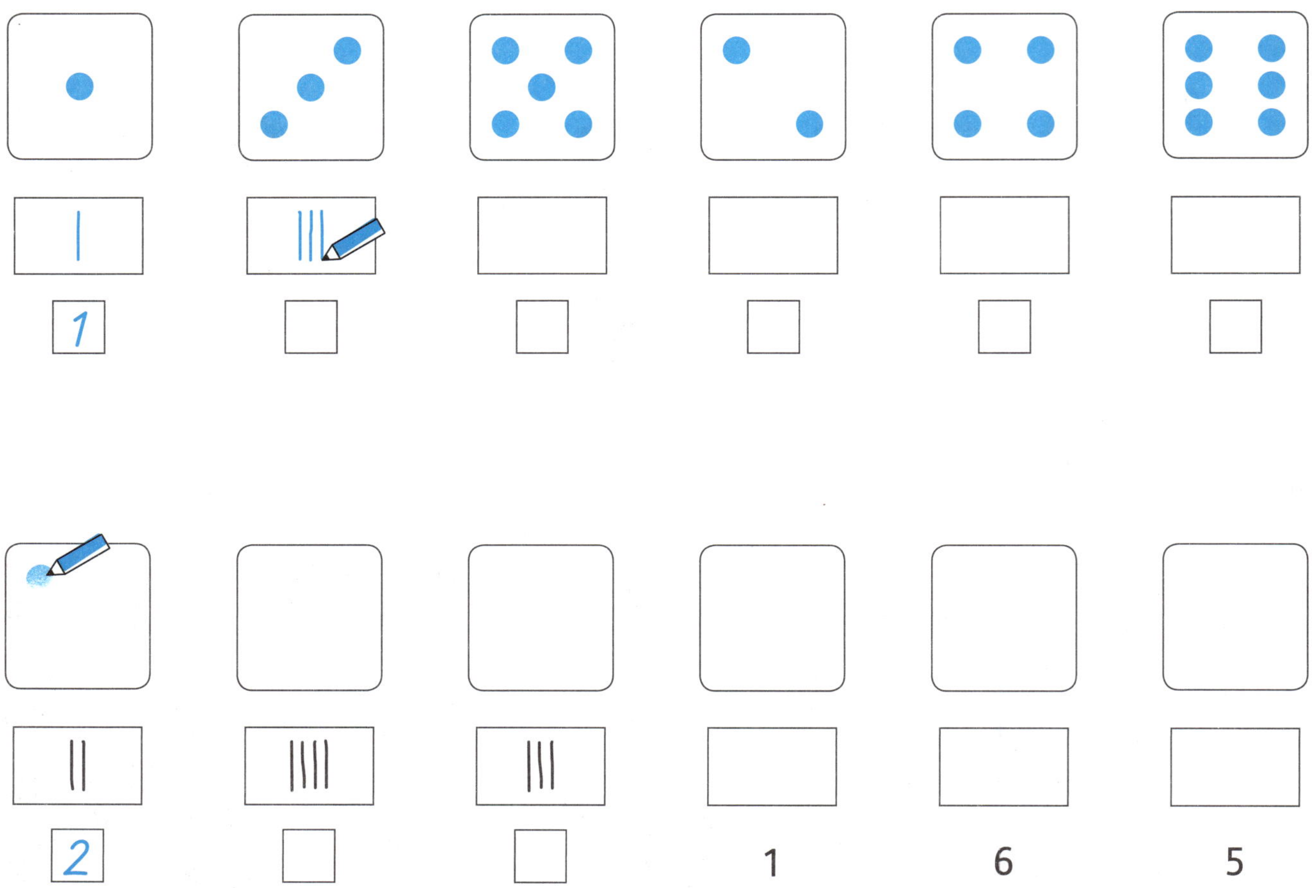

1 Gelegte Plättchenmengen simultan erfassen und jeweils die Zahl zuordnen. **2** Würfelbilder, Zahlen und Strichdarstellungen für Zahlen einander zuordnen.
Ziffernschreibkurs für die Zahl 5.

AH 8 KV 5 46

1

2 Immer 6. Lege und male.

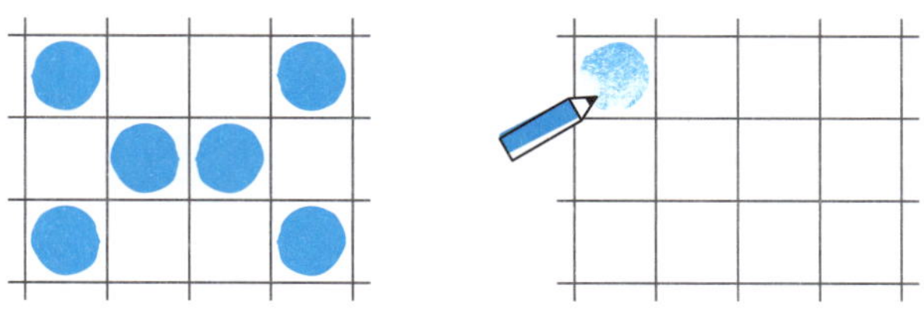

Immer 5.

Immer ☐.

Zahlen bis 6 zerlegen

1

2 Das hat Fatima noch geworfen. Was wirfst du?

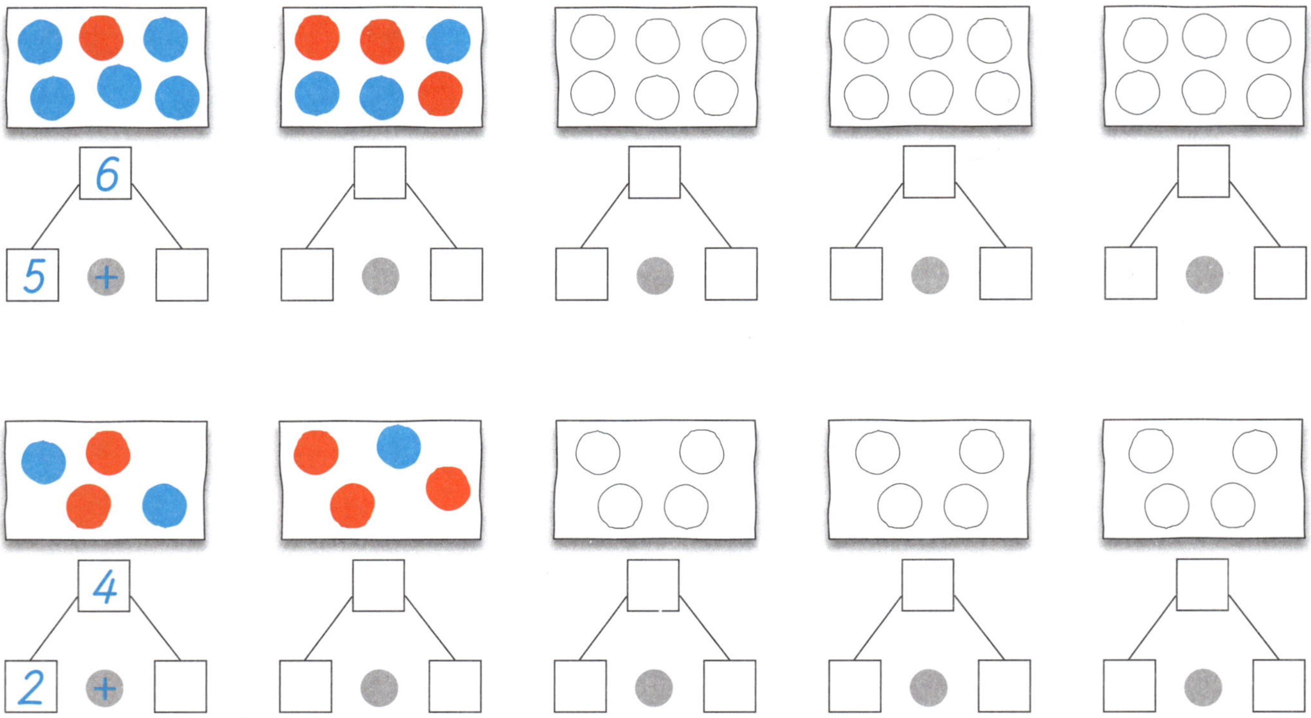

3 Wirf mit 5 Plättchen. Finde verschiedene Möglichkeiten.

1–3 Plättchen werfen; Zahlzerlegungen erkennen und notieren. Das Pluszeichen kennenlernen und als Schreibweise für eine Zahlzerlegung verwenden. Ergebnisse notieren.

AH 10 **KV** 26 131–135

1

2

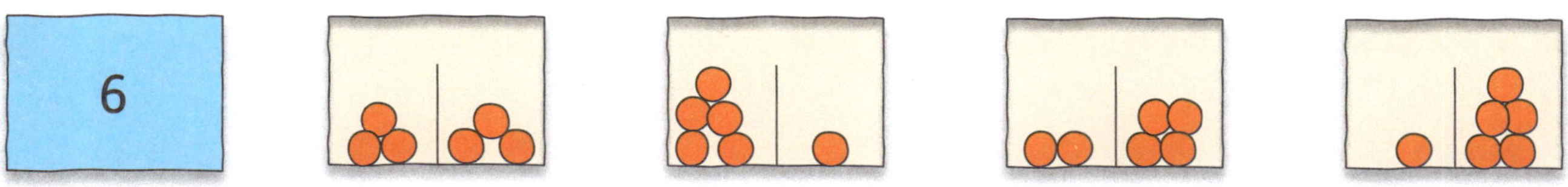

3 + 3   ___ + ___   ___ + ___   ___ + ___

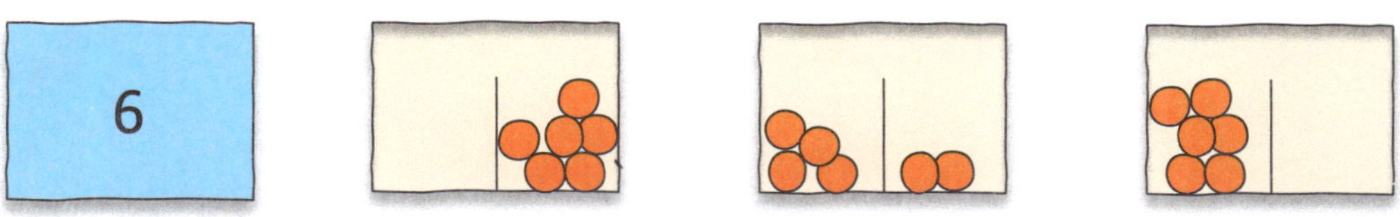

___ + ___   ___ + ___   ___ + ___

3

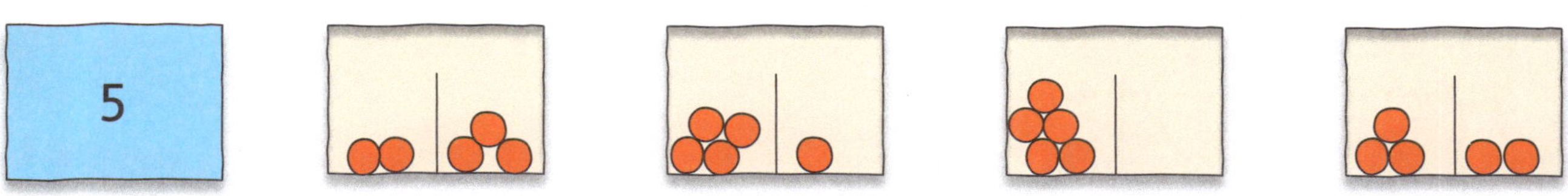

___ ● ___   ___ ● ___   ___ ● ___   ___ ● ___

4

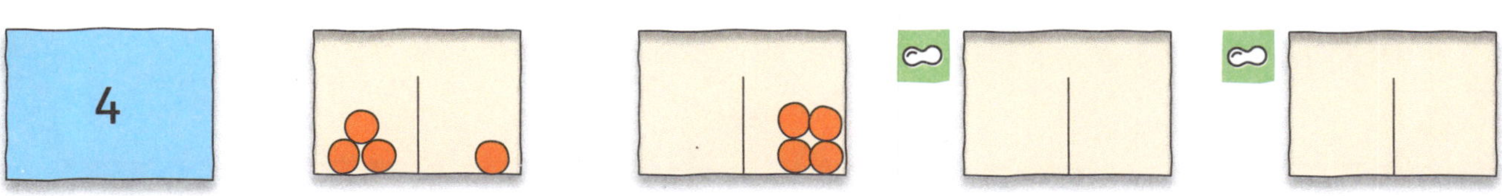

___ ● ___   ___ ● ___   ___ ● ___   ___ ● ___

5

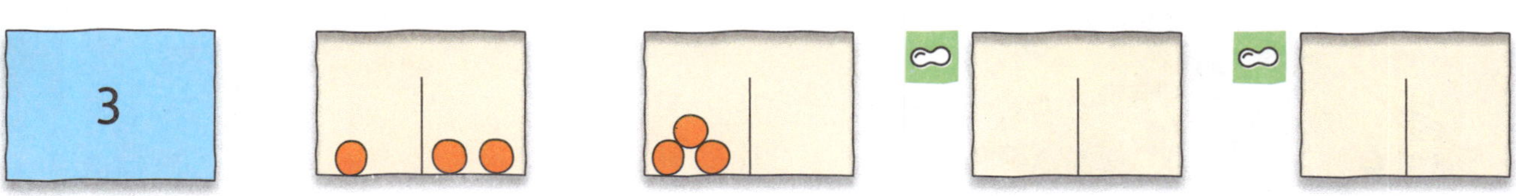

___ ● ___   ___ ● ___   ___ ● ___   ___ ● ___

1 Mit Schüttelboxen schütteln und Zerlegungen bestimmen. **2–5** Zerlegungen eintragen oder mögliche Zerlegungen selbst zeichnen.

Vorwissen: Was kann ich schon?

Oben Geometrische Grundformen in unterschiedlicher Lage und Größe erkennen und freihändig nachspuren. **Unten** Geometrische Formen durch freihändiges Nachspuren auf den punktierten Linien zeichnen, angefangene Formen vervollständigen und eigene Formen zeichnen.

KV 28 1–14

Oben Puzzleteile auch in gedrehter Lage im Gesamtbild auffinden und färben. **Unten** Gleiche Bildkarten-Paare in gedrehter Lage erkennen, zuordnen und Verbindungslinie zeichnen.

1

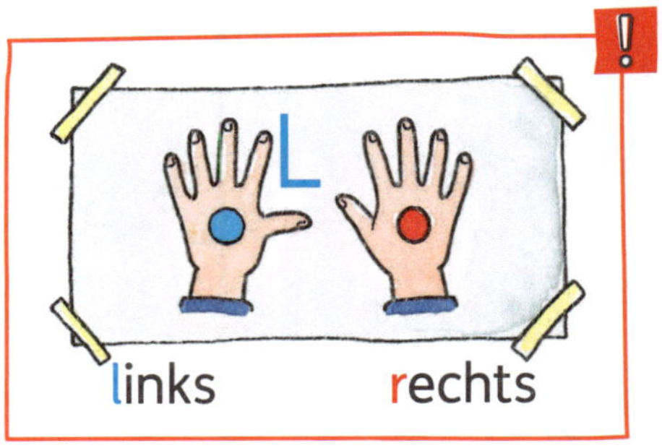

2

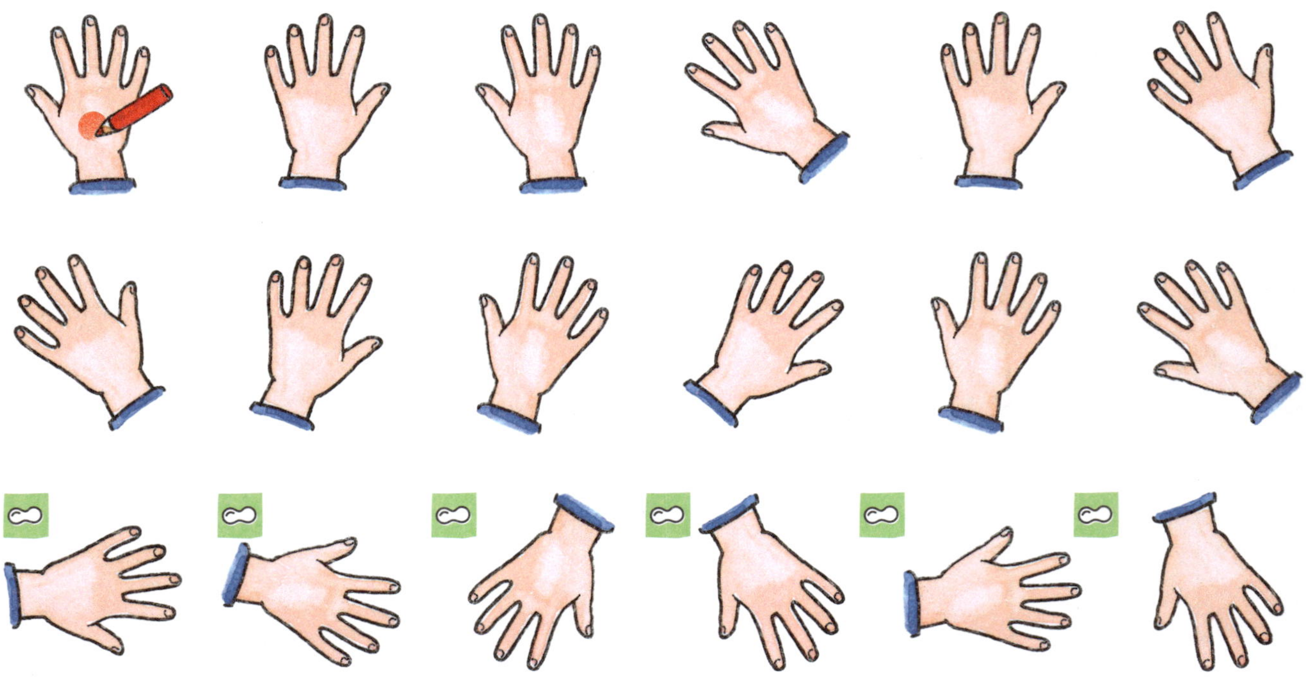

3

1, 2 Links und rechts bezogen auf den eigenen Körper erkennen, rechte/linke Hand mit Farbpunkten markieren. **3** Linke/rechte Hand bzw. Bein aus der Perspektive der Kinder erkennen und den Kreis rot bzw. blau färben (Perspektivwechsel thematisieren).

AH 11 **KV** 30–31 301

1 Was liegt wo? Beschreibe.

2 Was ist wo? Beschreibe und zeichne.

3

1 Lage der Gegenstände beschreiben: links (von), rechts (von), oben, unten, über, unter, neben, zwischen, … **2** Lage der fehlenden Bilder beschreiben und zeichnen. **3** Kind 1 legt Plättchen in sein leeres Legefeld und beschreibt Kind 2 die Lage. Kind 2 legt nach der Beschreibung die gleichen Plättchen in sein leeres Legefeld.

AH 11 **KV** 32–34 26–27, 302–304

Muster

1

2 Wie geht es weiter?

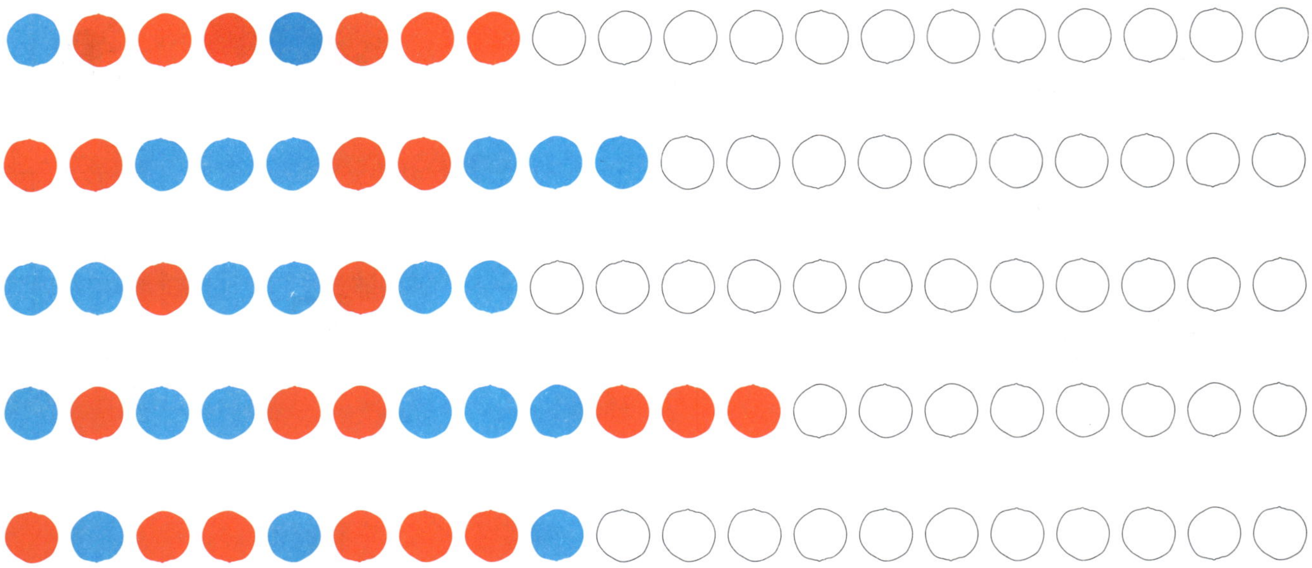

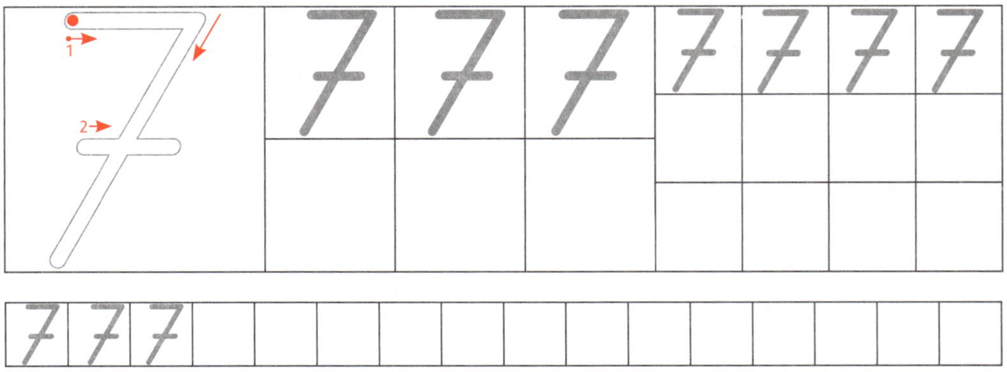

1, 2 Muster nachlegen, Bildungsgesetz erkennen, Muster fortführen. Eigene Muster erfinden.
Ziffernschreibkurs für die Zahl 7.

1

2 Baue nach. Zeichne.

1 Aus Steckwürfeln Tiere bauen und Anzahl der verwendeten Würfel pro Farbe bestimmen. Auf Gitterraster Baupläne der Tiere zeichnen (pro Würfel ein Kästchen). **2** Anzahl der jeweils verwendeten Würfelfarben notieren. Baupläne zeichnen.
Ziffernschreibkurs für die Zahl 8.

1

2 Wo kannst du leicht zählen? Erkläre.

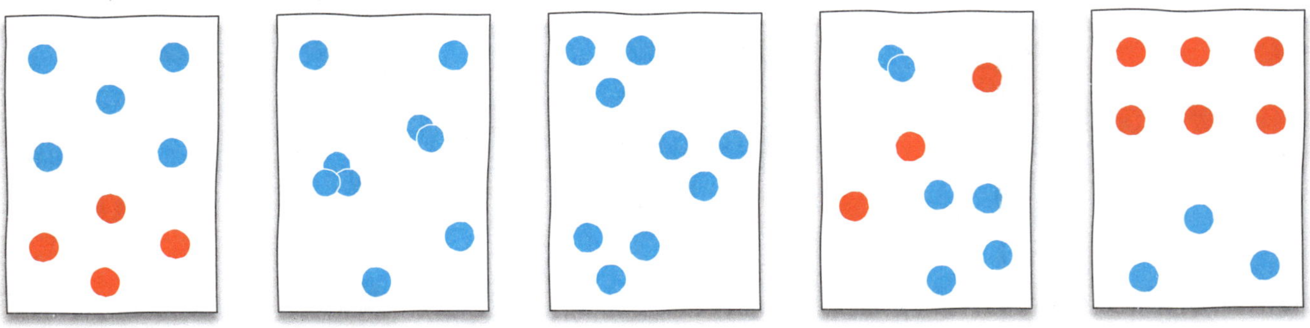

3 Lege Plättchen so, dass dein Partner sie leicht zählen kann.

5 6 7

9 10 8

12 11 13

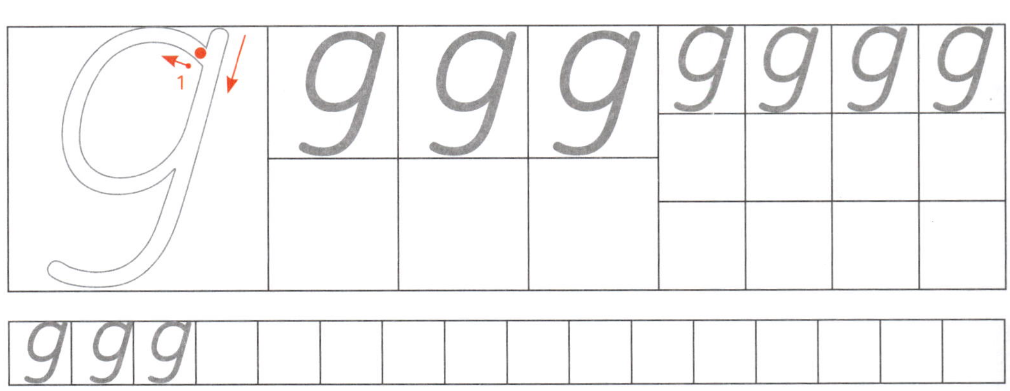

1–3 Strategien zur Anzahlbestimmung entwickeln und versprachlichen.
Ziffernschreibkurs für die Zahl 9.

1

2

6	□	□	□
5 + □	□ ● □	□ ● □	□ ● □

3

6	|||| |	●●●●● ●	5 + ___
7			___ ● ___
8			___ ● ___
9			___ ● ___
10			___ ● ___

Lege auch im Zehnerfeld.

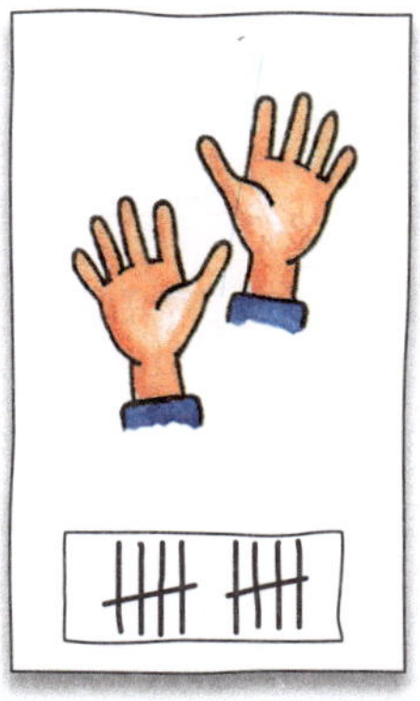

10 10 10 10

10 10

1

1 < 3	4 > 2	3 = 3
1 ist kleiner als 3	4 ist größer als 2	3 ist gleich 3

2

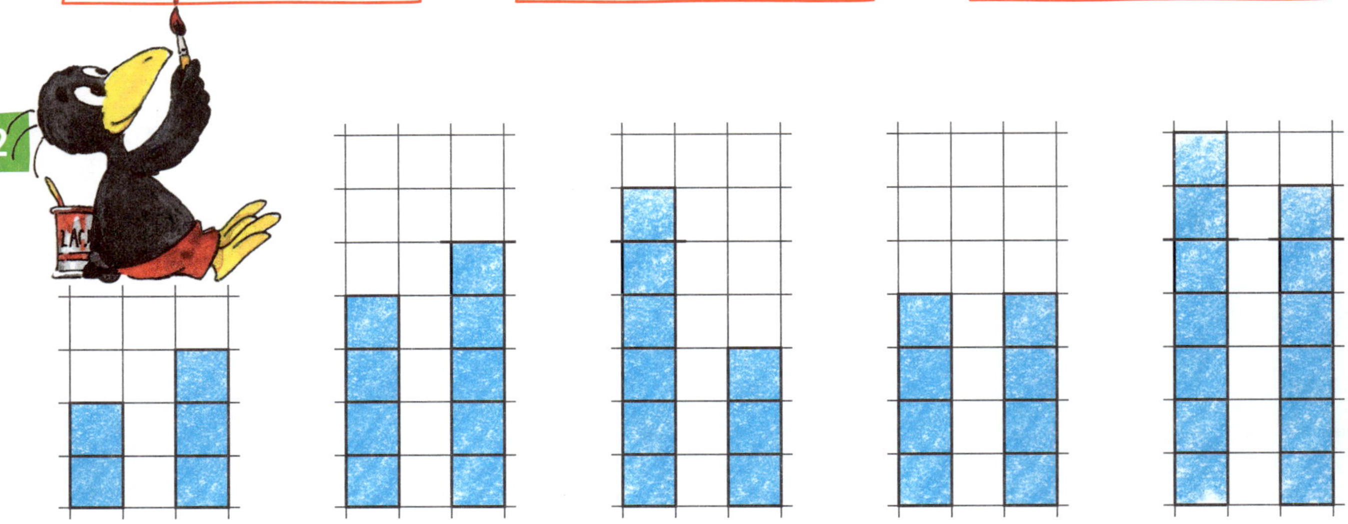

2 < 3   ___ ○ ___   ___ ○ ___   ___ ○ ___   ___ ○ ___

3

2 < 5	5 ○ 4	1 ○ 2	10 ○ 5	6 ○ 6
2 ○ 4	5 ○ 5	6 ○ 3	9 ○ 6	1 ○ 0
2 ○ 3	5 ○ 6	3 ○ 4	7 ○ 5	0 ○ 8
2 ○ 2	5 ○ 7	4 ○ 5	8 ○ 9	4 ○ 10
2 ○ 1	5 ○ 8	7 ○ 7	6 ○ 8	5 ○ 1

4

3 = ___	4 = ___	8 = ___	6 = ___	10 = ___
3 < ___	4 < ___	8 < ___	6 < ___	10 < ___
3 < ___	4 < ___	8 < ___	6 < ___	10 < ___
3 > ___	4 > ___	8 > ___	6 > ___	10 > ___
___ > ___	___ > ___	___ > ___	___ > ___	___ > ___

1 Zahlen vergleichen. Dazu die Zeichen <, > und = einführen. **2** Türme mit Steckwürfeln nachbauen.

AH 16 49–53, 60

1

0					5					10

2 Lege.

2	3	
	6	
	7	

		8
	8	
8		

	1	
		11
10		

3

Vorgänger		Nachfolger
1	2	
	3	
	4	
	5	

V		N
	8	
	7	
	1	
	6	

V		N
	9	
	2	
	5	
	3	

V		N
2		
		4
5		
		9

V		N
		2
4		
		5
9		

V		N
	11	
11		
		11
	12	

V		N
12		
	13	
		15
	16	

Ordnungszahlen

1

2

3

1 Situationen beschreiben und dabei Ordnungszahlen verwenden. Veränderungen beschreiben. Sprech- und Schreibweise von Ordnungszahlen klären. **2, 3** Reihenfolge, in der das Bild gemalt wurde, feststellen.

AH 18 28–31, 38

1

2

1 Die Kinder ordnen die Bilder nach der Reihenfolge und erzählen eine Geschichte zu den Bildern. **2** Die Kinder erzählen eine Geschichte zum Bild. Es gibt viele Möglichkeiten, die bekannten Zahlen anzuwenden.

Zahlen bis 10 zerlegen

1

2 6

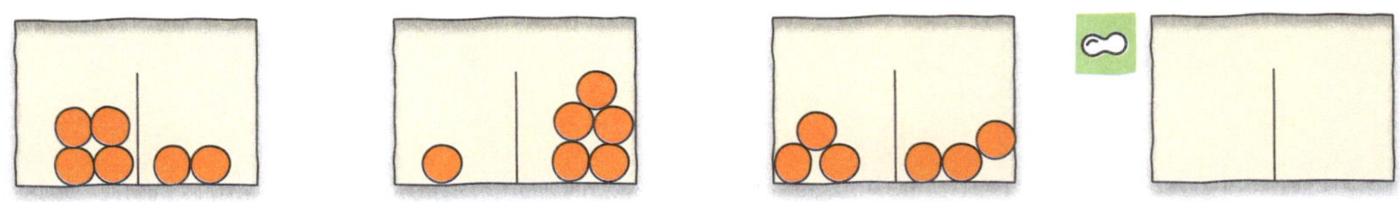

4 + ___ ___ ● ___ ___ ● ___ ___ ● ___

3 7

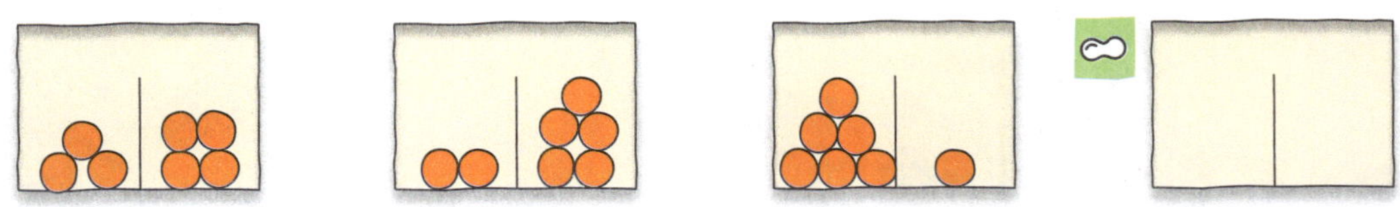

___ ● ___ ___ ● ___ ___ ● ___ ___ ● ___

4 8

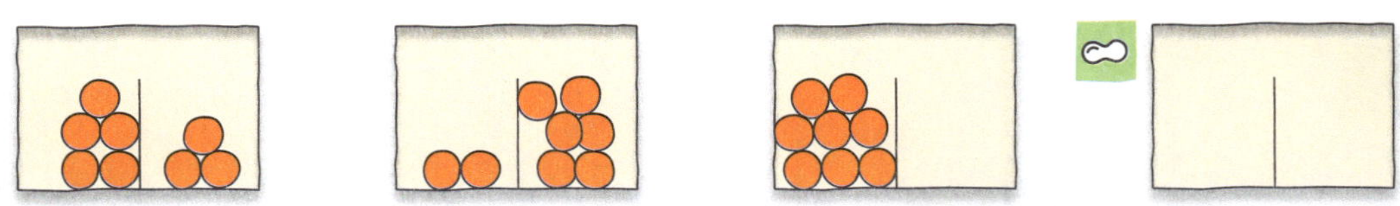

___ ● ___ ___ ● ___ ___ ● ___ ___ ● ___

5 9

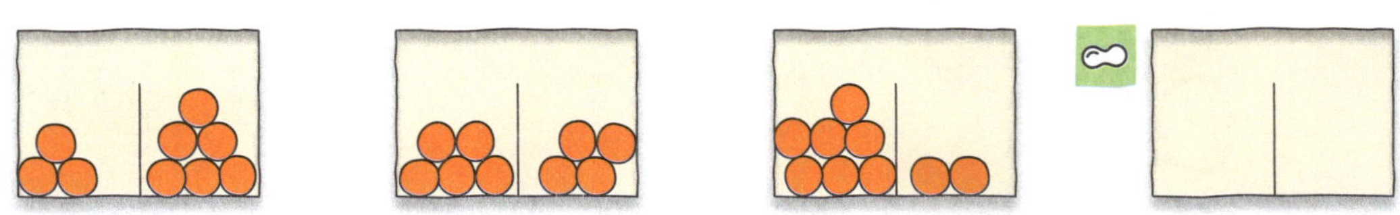

___ ● ___ ___ ● ___ ___ ● ___ ___ ● ___

6 10

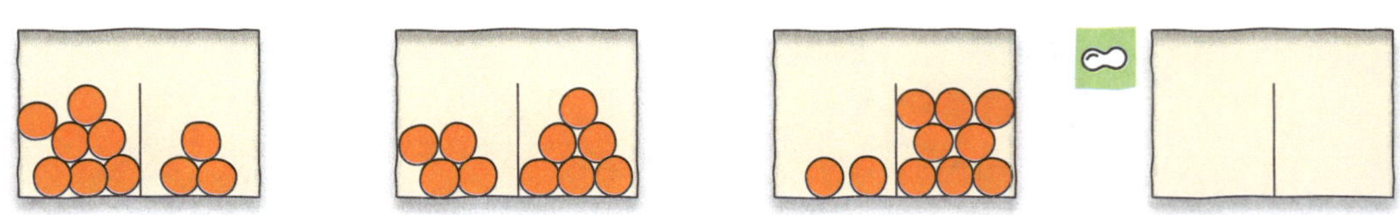

___ ● ___ ___ ● ___ ___ ● ___ ___ ● ___

1 Mit der Schüttelbox arbeiten, Zerlegungen notieren. **2–6** Zerlegungen eintragen und mögliche Zerlegungen selbst zeichnen.

2

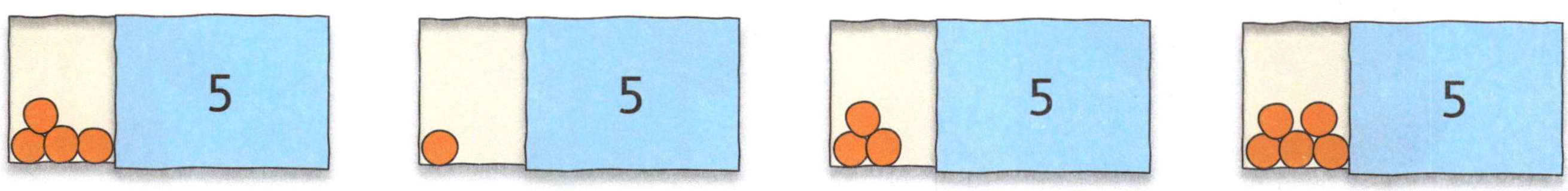

4 + ___   ___ ● ___   ___ ● ___   ___ ● ___

3

___ ● ___   ___ ● ___   ___ ● ___   ___ ● ___

4

___ ● ___   ___ ● ___   ___ ● ___   ___ ● ___

5

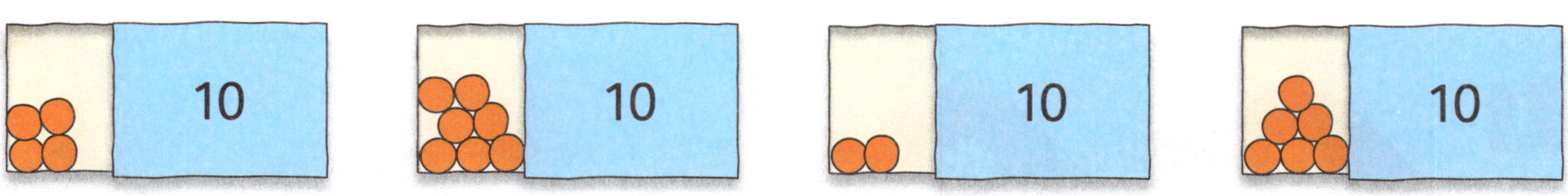

___ ● ___   ___ ● ___   ___ ● ___   ___ ● ___

6

___ ● ___   ___ ● ___   ___ ● ___   ___ ● ___

1–5 Anzahl der verdeckten Perlen bestimmen, Zerlegungen aufschreiben. **6** Zerlegungen zu einer selbst gewählten Zahl festhalten.

AH 19 **KV** 38 150–152

Zerlegungshäuser

1

2 Immer 5.

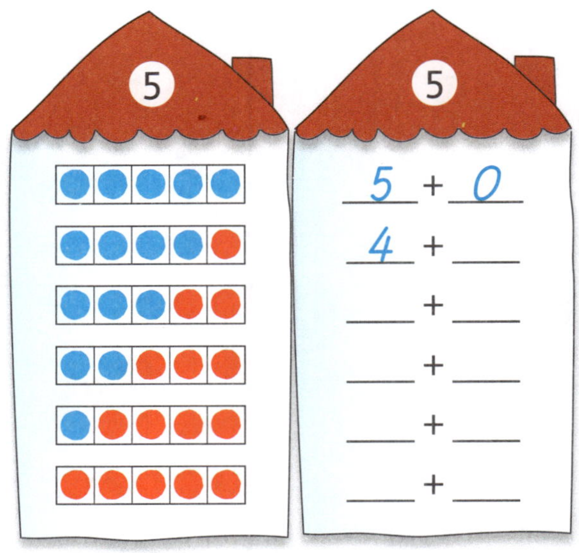

3

1 Verschiedene Ergebnisse beim Plättchen werfen sammeln. Mit Kärtchen im Zerlegungshaus einsortieren. Die Vollständigkeit der Möglichkeiten prüfen, Systematisierung erkennen. **2** Einführung des Zerlegungshauses mit geordneter Darstellung.
3 Zerlegungsaufgaben mit Plättchen legen, Zerlegungshäuser ausfüllen.

AH 20 **KV** 39 153–156

1

Zahlzerlegungen mit Plättchen legen und systematisch notieren.

AH 20 KV 40 153–156

1

12

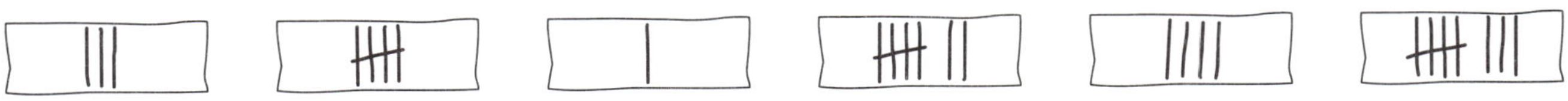

3 ___ ___ ___ ___ ___

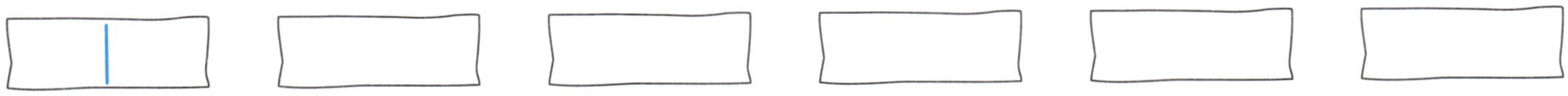

1 6 2 9 10 7

2

23

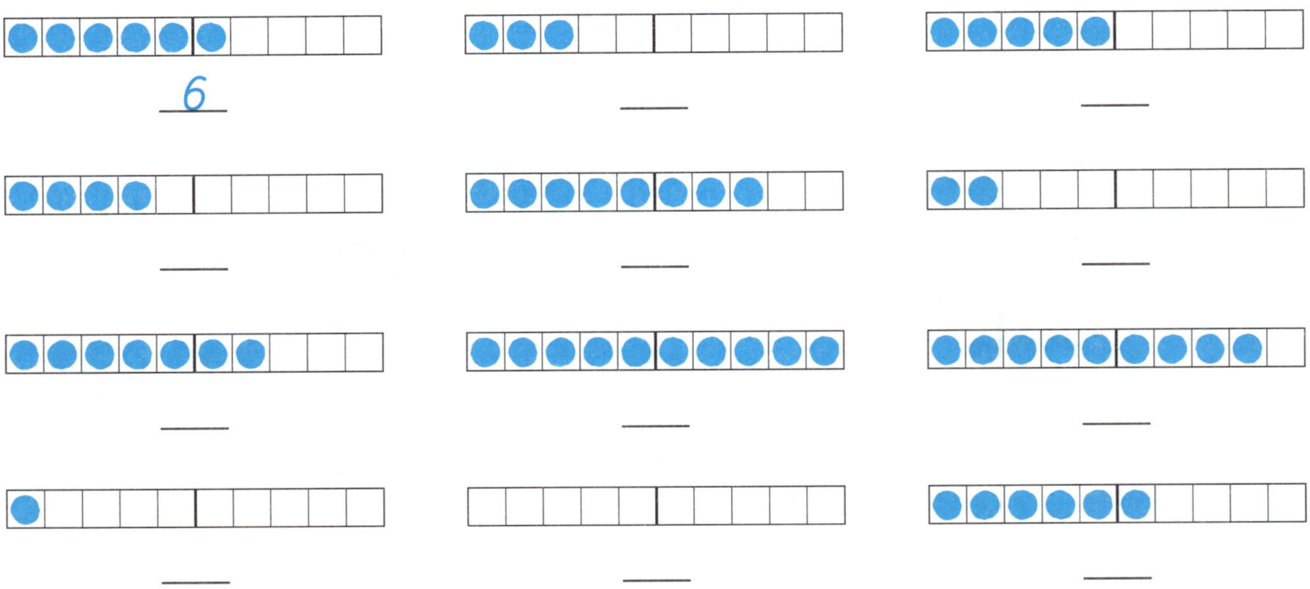

3

23

1 2 3 4 5 6 7 8 9 10

1 Strichdarstellungen Zahlen zuordnen und umgekehrt. **2** Anzahlen bestimmen. **3** Menge und Zahl verbinden.

1 24

5 < 7	8 ◯ 4	3 ◯ 9	10 ◯ 0	9 ◯ 11
5 ◯ 3	4 ◯ 8	2 ◯ 2	9 ◯ 10	12 ◯ 12
5 ◯ 5	6 ◯ 1	7 ◯ 4	10 ◯ 8	17 ◯ 15
5 ◯ 1	1 ◯ 6	8 ◯ 9	5 ◯ 10	14 ◯ 10
5 ◯ 9	3 ◯ 3	9 ◯ 6	10 ◯ 1	13 ◯ 16
5 ◯ 4	9 ◯ 7	2 ◯ 8	4 ◯ 10	18 ◯ 19

2 25

V		N
5	6	7
	3	
	1	
	8	

V		N
	2	
	7	
	4	
	9	

V		N
		6
1		
		10
5		

V		N
		11
10		
		13
	14	

3 26

◯ 1. ◯ ◯ ◯

4 29

3 + ___ ___ ◯ ___ ___ ◯ ___ ___ ◯ ___

___ ◯ ___ ___ ◯ ___ ___ ◯ ___ ___ ◯ ___

1 Zahlen vergleichen. Die Zeichen <, > und = verwenden. **2** Vorgänger und Nachfolger von Zahlen bestimmen. **3** Reihenfolge, in der das Bild gemalt wurde, feststellen. **4** Anzahl der verdeckten Perlen bestimmen, Zerlegungen notieren.

AH 21 **KV** 37, 115–117

Die Zahlen von 11 bis 20 einführen. Über das Bild sprechen, zählen und mit Material legen. Zahlenbilder und Strichdarstellungen für Zahlen besprechen und ergänzen. Verschiedene Strategien zur Anzahlbestimmung nutzen, Fünferbündelung betonen. Mengen für die Zahlen färben.

AH 22 **KV** 11, 19, 41–48

Strichdarstellungen für Zahlen vervollständigen. Mengen für die Zahlen 16 bis 20 zeichnen und färben.

Das Zahlenspiel

Ihr braucht: 2 ⚄ 1 ●

Startfeld ist die 10.

Jeder wählt eine Wohnung.

Würfelt abwechselnd und bewegt den Spielstein zu eurer Wohnung.

Wer zuerst seine Wohnung erreicht hat, gewinnt.

Würfelspiel: Wer bringt den Korb mit den Beeren in seine „Wohnung“?

1

2

1				5					10
11				15					20

3

V		N
16	17	18
	15	
	19	
	10	
	11	

V		N
	12	
	18	
	14	
	13	
	16	

V		N
10		
		14
16		
		20
13		

V		N
	20	
21		
	24	
25		
		29

4 Lege und ordne nach der Größe.

10	7	12	14	5
4	19	2	6	11

18	9	11	20	16
13	17	3	15	8

1 Bewegungsspiel: Die Kinder dürfen ihre Nachbarn nur entsprechend der Reihenfolge der Zahlen an die Hand nehmen. Das Spiel lässt sich vielfach variieren. **2** Die Zahlenreihe bis 20 mit Zahlenkarten legen und vervollständigen. **4** Jeweils 5 Ziffernkarten nachlegen und nach der Größe ordnen, dabei mit der kleinsten oder größten Zahl beginnen.

AH 23 **KV** 37 79 – 80

Plus: Es werden mehr

1

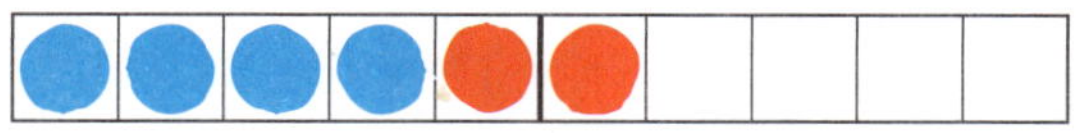

4 + 2 = 6

plus ist gleich

Addition

addieren

2

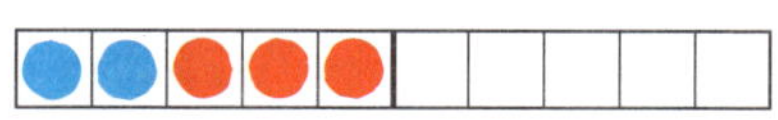

2 + ___ = ___

3

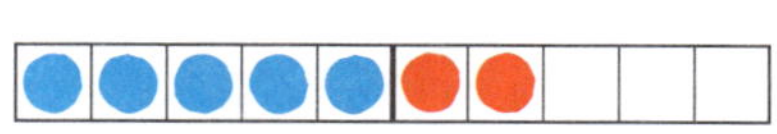

___ + ___ = ___

1–3 Rechengeschichten zu den Bildfolgen erzählen. Additionsaufgaben entnehmen. Die Sprech- und Schreibweise der Addition einführen. Aufgaben mit Plättchen nachlegen.

AH 24 136–141

1

___ + ___ = ___

___ + ___ = ___

___ + ___ = ___

2

___ + ___ = ___

___ + ___ = ___

___ + ___ = ___

3

___ + ___ = ___

___ + ___ = ___

___ + ___ = ___

___ + ___ = ___

___ + ___ = ___

___ + ___ = ___

1, 2 Additionsaufgaben erkennen, Aufgaben mit Plättchen legen und einzeichnen, Aufgaben schreiben und rechnen. **3** Es können jeweils verschiedene Aufgaben gebildet werden.

Plusaufgaben finden

1

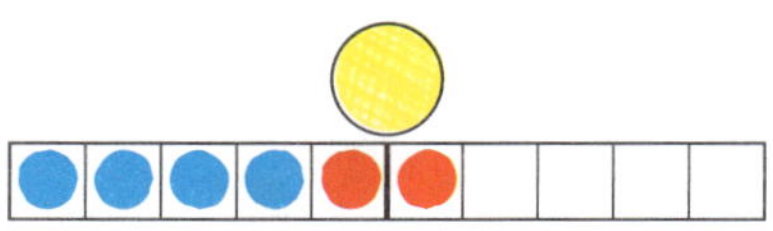

4 + 2 = ____

____ + ____ = ____

____ + ____ = ____

____ + ____ = ____

____ + ____ = ____

____ + ____ = ____

____ + ____ = ____

____ + ____ = ____

____ + ____ = ____

2

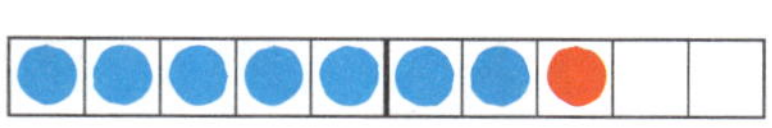

7 + 1 = ____

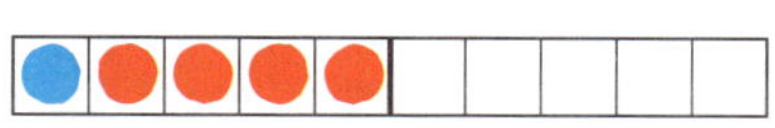

____ + ____ = ____

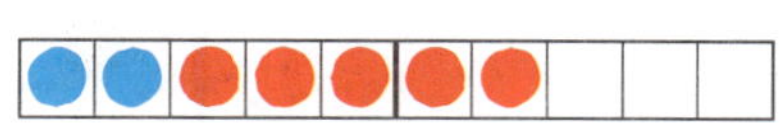

____ + ____ = ____

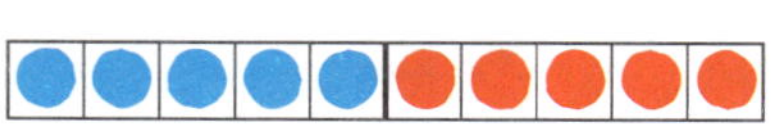

____ + ____ = ____

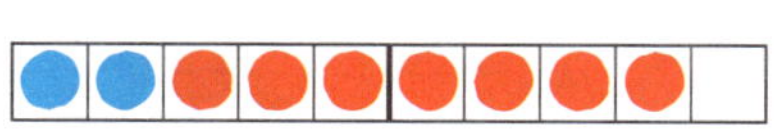

____ + ____ = ____

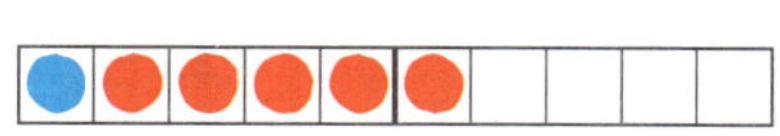

____ + ____ = ____

1 Additionsaufgaben im Bild finden und farbig einkreisen, Aufgaben mit Plättchen nachlegen, einzeichnen, schreiben und rechnen.
2 Additionsaufgaben der Punktedarstellung im Zehnerfeld entnehmen, Aufgaben mit Plättchen nachlegen, schreiben und rechnen. Rechengeschichten zu den Aufgaben finden.

AH 25 **KV** 49 136 – 141

1

3 + 6 = ___ 1 + 2 = ___ 2 + 6 = ___

2 + 8 = ___ 5 + 4 = ___ 2 + 7 = ___

5 + 0 = ___ 0 + 4 = ___ 6 + 0 = ___

8 + ___ = 10 7 + ___ = 7

___ + 7 = 10 ___ + 5 = 9

2 Rechne und kontrolliere. Eine Zahl bleibt jeweils übrig.

2 + 5 = 7	1 + 4 = ___	1 + 5 = ___
9 + 1 = ___	1 + 1 = ___	4 + 4 = ___
1 + 3 = ___	3 + 2 = ___	3 + 0 = ___
4 + 0 = ___	7 + 2 = ___	0 + 6 = ___
8 + 2 = ___	6 + 3 = ___	3 + 5 = ___
2 + 2 = ___	0 + 2 = ___	1 + 2 = ___
4 4 4 ~~7~~ 7 10 10	2 2 5 5 5 9 9	3 3 6 6 8 8 8

2 + 5 = ___	3 + 7 = ___	4 + ___ = 5	___ + 2 = 6
9 + 0 = ___	0 + 4 = ___	0 + ___ = 9	___ + 7 = 9
0 + 2 = ___	5 + 3 = ___	0 + ___ = 7	___ + 5 = 9
3 + 4 = ___	3 + 1 = ___	6 + ___ = 7	___ + 1 = 9
1 + 8 = ___	2 + 8 = ___	1 + ___ = 8	___ + 0 = 2
6 + 1 = ___	2 + 2 = ___	8 + ___ = 9	___ + 4 = 8
2 2 7 7 7 9 9	4 4 4 8 8 10 10	1 1 1 7 7 9 9	2 2 4 4 4 8 8

1 Additionsaufgaben legen, einzeichnen und die Lösung eintragen. **2** Die Additionsaufgaben lösen und mit den grünen Lösungszahlen kontrollieren. Pro Päckchen bleibt eine Lösungszahl übrig.

AH 26 **KV** 49 157 – 159

Tauschaufgaben

1

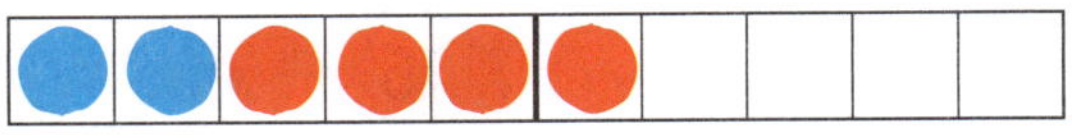

2 + 4 = 6

4 + 2 = 6

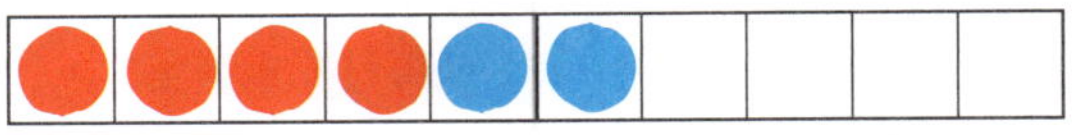

Tauschaufgabe

2

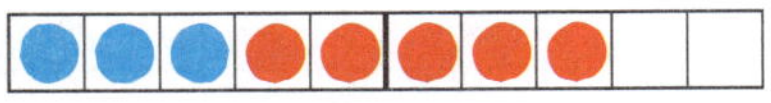

3 + 5 = ___
5 + 3 = ___

1 + 6 = ___
6 + 1 = ___

2 + 7 = ___
7 + 2 = ___

2 + 6 = ___
___ + 2 = ___

3 + 7 = ___
___ + 3 = ___

5 + 2 = ___
___ + 5 = ___

3

2 + 8 = ___
8 + 2 = ___

3 + 4 = ___
___ + 3 = ___

1 + 7 = ___
___ + 1 = ___

4 + 5 = ___
___ + ___ = ___

0 + 3 = ___
___ + ___ = ___

1 + 8 = ___
___ + ___ = ___

4

2	2	1	7	6	3
1	3	5	0	4	7

2 + 1 =
1 + 2 =

5	4	3	5	6
0	1	6	6	7

1 Situation von links und rechts betrachten. Aufgabe und Tauschaufgabe erfassen. **2** Aufgabe und Tauschaufgabe legen, zeichnen und ausrechnen. **3** Aufgabe und Tauschaufgabe ausrechnen. **4** Zu den Zahlen Aufgaben und Tauschaufgaben im Heft notieren und ausrechnen.

AH 27 KV 50 142–143, 160

1

2

3 + 1	4 + 6	0 + 6	8 + 2	1 + 1
3 + 2	4 + 5	1 + 6	7 + 2	2 + 2
3 + 3	4 + 4	2 + 6	6 + 2	3 + 3
3 + 4	4 + 3	3 + 6	5 + 2	4 + 4

3

4 + 6	8 + 1	2 + 0	1 + 3
5 + 5	7 + 2	2 + 2	3 + 3
6 + 4	6 + 3	2 + 4	5 + 3
7 + 3	5 + 4	2 + 6	7 + 3

4

6 + 1	0 + 5	5 + __	__ + 4	__ + __

Das Übungsformat der „Aufgabenrolle" einführen: legen, rechnen, entdecken und fortführen. Aufgaben im Heft lösen. Die Beispiele der Kinder in Aufgabe **1** sind Vorbild für die Heftführung.

1 Rechne und male die Felder so an:

0+0	0+1	0+2	0+3	0+4	0+5	0+6	0+7	0+8	0+9	0+10
1+0	1+1	1+2	1+3	1+4	1+5	1+6	1+7	1+8	1+9	1+10
2+0	2+1	2+2	2+3	2+4	2+5	2+6	2+7	2+8	2+9	2+10
3+0	3+1	3+2	3+3	3+4	3+5	3+6	3+7	3+8	3+9	3+10
4+0	4+1	4+2	4+3	4+4	4+5	4+6	4+7	4+8	4+9	4+10
5+0	5+1	5+2	5+3	5+4	5+5	5+6	5+7	5+8	5+9	5+10
6+0	6+1	6+2	6+3	6+4	6+5	6+6	6+7	6+8	6+9	6+10
7+0	7+1	7+2	7+3	7+4	7+5	7+6	7+7	7+8	7+9	7+10
8+0	8+1	8+2	8+3	8+4	8+5	8+6	8+7	8+8	8+9	8+10
9+0	9+1	9+2	9+3	9+4	9+5	9+6	9+7	9+8	9+9	9+10
10+0	10+1	10+2	10+3	10+4	10+5	10+6	10+7	10+8	10+9	10+10

(orange)

0 + 0 = ____   3 + 3 = ____
1 + 1 = ____   2 + 2 = ____
5 + 5 = ____   4 + 4 = ____

(blue)

7 + 3 = ____   8 + 2 = ____
6 + 4 = ____   10 + 0 = ____
1 + 9 = ____   9 + 1 = ____
3 + 7 = ____   4 + 6 = ____
2 + 8 = ____   0 + 10 = ____

(green)

3 + 0 = ____   0 + 2 = ____
1 + 0 = ____   0 + 5 = ____   6 + 0 = ____   0 + 7 = ____
5 + 0 = ____   0 + 4 = ____   8 + 0 = ____   0 + 9 = ____
2 + 0 = ____   0 + 1 = ____   9 + 0 = ____   0 + 6 = ____
4 + 0 = ____   0 + 3 = ____   7 + 0 = ____   0 + 8 = ____

(yellow)

4 + 2 = ____   5 + 1 = ____   5 + 2 = ____   7 + 2 = ____
2 + 4

3 + 1 = ____   6 + 3 = ____   6 + 1 = ____   8 + 1 = ____

6 + 2 = ____   7 + 1 = ____   5 + 3 = ____   4 + 1 = ____

4 + 3 = ____   2 + 1 = ____   3 + 2 = ____   5 + 4 = ____

2 Was bedeuten die Farben? Verbinde.

Ergebnis 10   Aufgaben mit 0

verdoppeln   restliche Aufgaben

1 Aufgaben lösen und in der 1+1 Tafel entsprechend der Vorgabe einfärben. **2** Farbsystematik der 1+1 Tafel erkennen und entsprechend verbinden.

1 Ergänze und kontrolliere. Eine Zahl bleibt jeweils übrig.

4 + ___ = 7

4 + ___ = 7
5 + ___ = 6
2 + ___ = 7
6 + ___ = 9

1 1 3 3 5

4 + ___ = 6
6 + ___ = 10
0 + ___ = 6
2 + ___ = 6

2 4 4 6 6

1 + ___ = 5
0 + ___ = 7
2 + ___ = 5
1 + ___ = 8

3 4 4 7 7

3 + ___ = 6
4 + ___ = 9
1 + ___ = 9
5 + ___ = 8

3 3 5 5 8

0 + ___ = 4
1 + ___ = 8
1 + ___ = 3
2 + ___ = 9

2 2 4 7 7

4 + ___ = 9
1 + ___ = 10
6 + ___ = 9
7 + ___ = 10

3 3 5 5 9

2 Rechne und kontrolliere. Eine Zahl bleibt jeweils übrig.

3 + 3 + 2 = ___
6 + 2 + 2 = ___
3 + 2 + 1 = ___
5 + 3 + 2 = ___

6 8 8 10 10

3 + 6 + 0 = ___
2 + 3 + 4 = ___
2 + 1 + 2 = ___
1 + 4 + 2 = ___

5 5 7 9 9

7 + 1 + 0 = ___
2 + 2 + 2 = ___
1 + 0 + 3 = ___
1 + 4 + 1 = ___

4 6 6 8 8

3 + 3 + 3 = ___
3 + 1 + 3 = ___
0 + 2 + 3 = ___
3 + 2 + 2 = ___

5 5 7 7 9

1 + 4 + ___ = 9
4 + 2 + ___ = 8
2 + 1 + ___ = 9
1 + 3 + ___ = 8

2 2 4 4 6

0 + 1 + ___ = 6
2 + 0 + ___ = 9
1 + 2 + ___ = 8
2 + 1 + ___ = 10

1 5 5 7 7

3 **Das Plus-Spiel**

Ihr braucht: 2 Würfel, 11 rote Plättchen, 11 blaue Plättchen

Würfle. Bilde eine Plusaufgabe.
Decke das Ergebnisfeld mit deiner Farbe ab.
Ist das Feld schon mit der anderen Farbe belegt, drehe das Plättchen um.
Wer hat am Ende mehr Felder abgedeckt?

2 3 4 5
6 7 8 9
10 11 12

1 Ergänzungsaufgaben lösen. Als Hilfe mit Plättchen nachlegen. **2** Additionsaufgaben mit 3 Summanden lösen. **3** Kinder spielen mit Wendeplättchen das Plus-Spiel. Als Hilfe die Ergebnisse 6 + 5 = 11, 5 + 6 = 11 und 6 + 6 = 12 angeben.

Minus: Es werden weniger

1

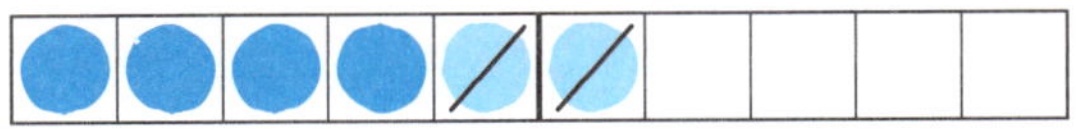

6 − 2 = 4

minus ist gleich

Subtraktion

subtrahieren

2

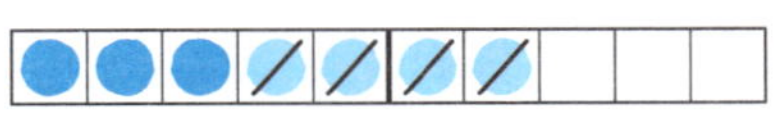

7 − ___ = ___

3

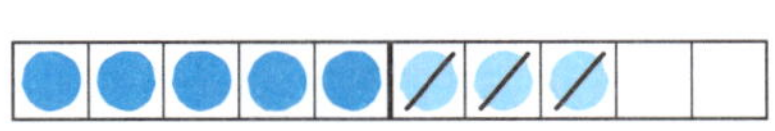

___ − ___ = ___

1–3 Subtraktionsaufgaben den Bildfolgen entnehmen. Die Sprech- und Schreibweise der Subtraktion einführen. Aufgaben mit Plättchen nachlegen. Beim Legen werden die hier durchgestrichenen Plättchen weggeschoben.

AH 30 144–147

1

___ – ___ = ___ ___ – ___ = ___ ___ – ___ = ___

2

___ – ___ = ___ ___ – ___ = ___ ___ – ___ = ___

3

___ – ___ = ___ ___ – ___ = ___ ___ – ___ = ___

___ – ___ = ___ ___ – ___ = ___ ___ – ___ = ___

1, 2 Subtraktionsaufgaben erkennen, Aufgaben mit Plättchen legen und einzeichnen, Aufgaben schreiben und rechnen. **3** Es können jeweils verschiedene Aufgaben gebildet werden.

AH 30 **KV** 49 144 – 147

1

7 – 5 = ___ | ___ – ___ = ___ | ___ – ___ = ___

___ – ___ = ___ | ___ – ___ = ___ | ___ – ___ = ___

___ – ___ = ___ | ___ – ___ = ___ | ___ – ___ = ___

2

3 – 2 = ___ | ___ – ___ = ___ | ___ – ___ = ___

___ – ___ = ___ | ___ – ___ = ___ | ___ – ___ = ___

1 Subtraktionsaufgaben im Bild finden und farbig einkreisen, Aufgaben mit Plättchen nachlegen, einzeichnen, schreiben und rechnen.
2 Subtraktionsaufgaben der Punktedarstellung im Zehnerfeld entnehmen, Aufgaben mit Plättchen nachlegen, schreiben und rechnen. Rechengeschichten zu den Aufgaben erfinden.

AH 31 **KV** 49 144–147

1

5 – 4 = ___ 10 – 7 = ___ 5 – 1 = ___

8 – 5 = ___ 4 – 3 = ___ 5 – 5 = ___

2 – 0 = ___ 10 – 10 = ___ 10 – 0 = ___

5 – ___ = 2 10 – ___ = 2

___ – 1 = 9 ___ – 2 = 4

2 Rechne und kontrolliere. Eine Zahl bleibt jeweils übrig.

8 – 6 = 2	6 – 0 = ___	7 – 2 = ___
6 – 1 = ___	3 – 3 = ___	8 – 1 = ___
9 – 1 = ___	10 – 6 = ___	7 – 0 = ___
9 – 7 = ___	7 – 7 = ___	10 – 9 = ___
5 – 0 = ___	4 – 0 = ___	6 – 5 = ___
8 – 3 = ___	9 – 3 = ___	9 – 2 = ___
2 2 5 5 5 8 8	0 0 0 4 4 6 6	1 1 5 5 7 7 7

7 – 1 = ___	3 – 1 = ___	4 – ___ = 2	___ – 9 = 0
5 – 2 = ___	10 – 5 = ___	9 – ___ = 5	___ – 6 = 1
8 – 0 = ___	8 – 8 = ___	7 – ___ = 3	___ – 3 = 4
3 – 0 = ___	6 – 4 = ___	8 – ___ = 1	___ – 2 = 1
8 – 2 = ___	6 – 6 = ___	2 – ___ = 0	___ – 0 = 9
4 – 1 = ___	7 – 5 = ___	10 – ___ = 3	___ – 3 = 0
3 3 3 6 6 8 8	0 0 2 2 2 5 5	2 2 2 4 4 7 7	3 3 7 7 7 9 9

1 Subtraktionsaufgaben legen, einzeichnen und die Lösung eintragen. **2** Die Subtraktionsaufgaben lösen und mit den grünen Lösungszahlen kontrollieren. Pro Päckchen bleibt eine Lösungszahl übrig.

Aufgabenrollen

1

2

10 – 8	8 – 7	3 – 3	10 – 4
10 – 7	8 – 6	4 – 3	9 – 4
10 – 6	8 – 5	5 – 3	8 – 4
10 – 5	8 – 4	6 – 3	7 – 4

3

4 – 1	10 – 7	10 – 0	10 – 2	9 – 0
5 – 2	9 – 6	9 – 1	10 – 3	8 – 0
6 – 3	8 – 5	8 – 2	9 – 2	9 – 1
7 – 4	7 – 4	7 – 3	9 – 3	8 – 1

4

6 – 1	5 – 0	3 – __	__ – 2	__ – __

„Aufgabenrollen" für die Subtraktion bearbeiten: legen, rechnen, entdecken und fortführen. Aufgaben im Heft lösen.

1

!

6 − 2 = 4
4 + 2 = 6

Umkehraufgabe

2

8 − 3 = ___
5 + 3 = 8

9 − 5 = ___
___ + 5 = 9

7 − 5 = ___
___ + 5 = 7

3 + 2 = ___
___ − 2 = 3

2 + 6 = ___
___ − 6 = 2

2 + 7 = ___
___ − 7 = 2

3

8 − 2 = 6
6 + 2 = ___

9 − 3 = ___
___ + ___ = ___

10 − 6 = ___
___ + ___ = ___

7 + 2 = ___
___ − 2 = ___

3 + 5 = ___
___ − ___ = ___

6 + 4 = ___
___ − ___ = ___

4

5	9	7
3	4	0

5 − 3 =
2 + 3 =

11	15
2	8

5

1	6	5
8	0	2

1 + 8 =
9 − 8 =

9	7
3	9

1 Erzählen, nachspielen, Aufgabe und Umkehraufgabe erfassen. **2** Aufgabe und Umkehraufgabe legen, zeichnen und ausrechnen. **3** Aufgabe und Umkehraufgabe ausrechnen. **4, 5** Zu den Zahlen Aufgaben und Umkehraufgaben im Heft notieren und ausrechnen.

1

2

oben				
☐	☐	☐	☐	☐
6 2	4 3	5 5	8 0	1 9
☐	☐	☐	☐	☐
3 6	2 7	0 10	4 5	5 6

3

6	7	10	9	15
1 ☐	3 ☐	6 ☐	5 ☐	12 ☐
4	6	8	9	16
☐ 3	☐ 2	☐ 4	☐ 3	☐ 11

4

Es gibt 10 Lösungen.

Das Übungsformat „Rechenmauer" einführen: **1** Aufbau der Rechenmauern entdecken. **2, 3** Fehlende Zahlen auf den Steinen eintragen. **4** Aus den 6 Steinen Mauern bauen. Dabei können die Zahlenkarten als Hilfe verwendet werden. Lösungen notieren.

AH 35 **KV** 53 – 54

1 Rechne und kontrolliere. Eine Zahl bleibt jeweils übrig.

5 − ___ = 2

5 − ___ = 2
4 − ___ = 3
6 − ___ = 1
5 − ___ = 4

1 1 3 3 5

8 − ___ = 3
7 − ___ = 5
3 − ___ = 1
6 − ___ = 2

2 2 4 5 5

6 − ___ = 3
5 − ___ = 0
9 − ___ = 2
8 − ___ = 3

3 5 5 7 7

9 − ___ = 7
10 − ___ = 4
7 − ___ = 1
10 − ___ = 2

2 2 6 6 8

9 − ___ = 5
8 − ___ = 8
8 − ___ = 4
0 − ___ = 0

0 0 4 4 7

8 − ___ = 1
7 − ___ = 0
4 − ___ = 1
9 − ___ = 6

3 3 5 7 7

2 Rechne und kontrolliere. Eine Zahl bleibt jeweils übrig.

8 − 3 − 2 = ___
6 − 4 − 1 = ___
9 − 3 − 3 = ___
7 − 4 − 2 = ___

1 1 3 3 5

10 − 2 − 4 = ___
7 − 3 − 0 = ___
5 − 2 − 3 = ___
6 − 0 − 6 = ___

0 0 2 4 4

10 − 2 − 2 = ___
7 − 1 − 4 = ___
9 − 0 − 7 = ___
9 − 2 − 1 = ___

2 2 3 6 6

8 − 2 − 1 = ___
7 − 4 − 3 = ___
9 − 2 − 4 = ___
9 − 0 − 4 = ___

0 3 3 5 5

10 − 4 − ___ = 4
7 − 1 − ___ = 4
10 − 5 − ___ = 1
9 − 2 − ___ = 3

2 2 4 4 5

10 − 3 − ___ = 6
8 − 0 − ___ = 2
9 − 2 − ___ = 1
7 − 2 − ___ = 2

1 1 3 6 6

3 **Das Minus-Spiel**

Ihr braucht: 2 6 6

Würfle. Bilde eine Minusaufgabe.
Decke das Ergebnisfeld mit deiner Farbe ab.
Ist das Feld schon mit der anderen Farbe belegt, drehe das Plättchen um.
Wer hat am Ende mehr Felder abgedeckt?

0 1 2
3 4
5

1

39 47

___ + ___ = ___   ___ − ___ = ___

2 Rechne auch die Tauschaufgabe.

42

2 + 3 = ___	7 + 3 = ___	4 + 5 = ___	8 + 3 = ___
3 + 2 = ___	___ + ___ = ___	___ + ___ = ___	___ + ___ = ___
3 + 6 = ___	2 + 8 = ___	2 + 6 = ___	7 + 5 = ___
6 + 3 = ___	___ + ___ = ___	___ + ___ = ___	___ + ___ = ___

3 Kontrolliere mit der Umkehraufgabe.

51

7 − 4 = ___	9 − 2 = ___	8 − 6 = ___	11 − 4 = ___
3 + 4 = ___	___ + ___ = ___	___ + ___ = ___	___ + ___ = ___
5 + 4 = ___	3 + 6 = ___	8 + 2 = ___	9 + 3 = ___
9 − 4 = ___	___ − ___ = ___	___ − ___ = ___	___ − ___ = ___

4 **Das 1 + 1 Spiel**

Ihr braucht: 🔵 🔴

44

1–4 Wiederholung des aktuellen Stoffes. **4** Nur Aufgaben aus der bekannten Hälfte der 1+1 Tafel (siehe Umschlag) verwenden.

1

18

links rechts

○ ○ ○ ○ ○ ○ ○

2 Vergleiche.

24

7 > 5	8 ● 2	5 ● 3	8 ● 1	5 ● 5
7 ● 8	1 ● 2	1 ● 9	4 ● 4	10 ● 3
7 ● 7	5 ● 2	3 ● 7	0 ● 6	7 ● 6
7 ● 3	2 ● 2	4 ● 2	2 ● 8	0 ● 10
7 ● 9	10 ● 2	0 ● 0	5 ● 9	1 ● 6

3

25

V		N
	5	
	7	
	3	
	8	

V		N
	2	
	4	
	9	
	1	

V		N
1		
		6
5		
		7

V		N
2		
		8
0		
		10

4

29

___ + ___

___ + ___

___ + ___

___ + ___

___ + ___

___ + ___

___ + ___

___ + ___

1–4 Sicherung des Basiswissens.

Formen

1 Beschreibe.

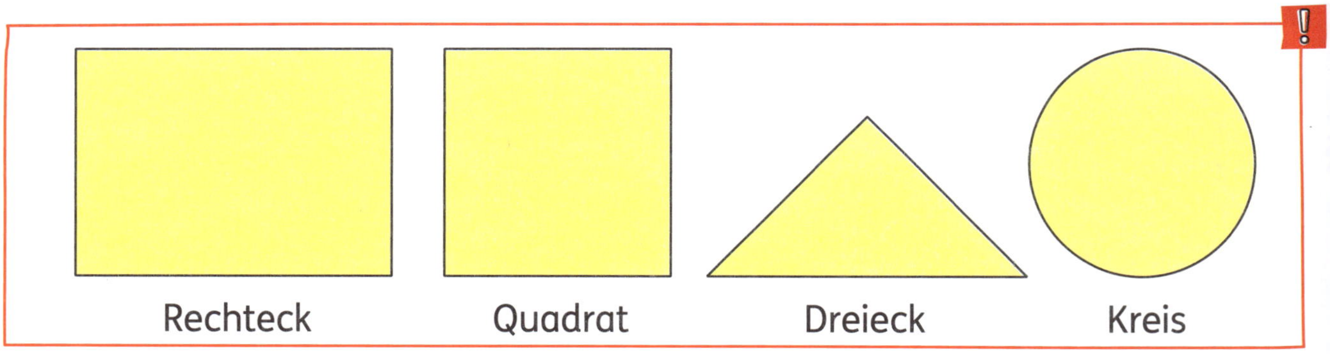

2 Zeichne die 4 Formen.

1 Geometrische Grundformen erkennen und beschreiben (Rechteck, Quadrat, Dreieck, Kreis). Fachbegriffe verwenden (Ecke, Seite). Unmögliche Gegenstände finden und fehlende Funktionsfähigkeit begründen (z. B. eckige Reifen). **2** Die Grundformen als Freihandzeichnung nachgestalten.

AH 38 305–313

1 Lege aus.

2 Lege nach und zähle.

Figuren legen

Die 4 großen Figuren mit den beigelegten Geo-Plättchen auslegen und ihre Anzahl ermitteln. Verschiedene Lösungen sind möglich. Die 6 kleinen Figuren nachlegen.

Eigene Figuren erfinden.

Mit Formen knobeln

1 Knack den Tresor.

2

3

4

1–4 Das Muster so ergänzen, dass in einer Reihe entweder nur die gleiche Form (z. B. nur Quadrate) oder nur eine Farbe (z. B. nur blaue Formen) vorkommen. Bei den Haselnuss-Aufgaben gibt es jeweils 2 verschiedene Lösungen.

AH 40 **KV** 56 19, 32

1 Lege nach. Wie viele Dreiecke siehst du?

△ 2

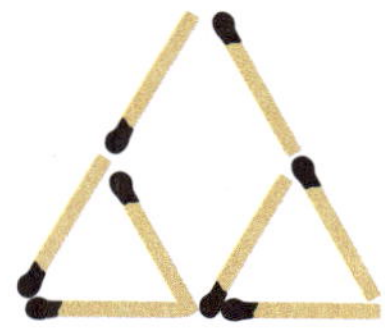

△ ___

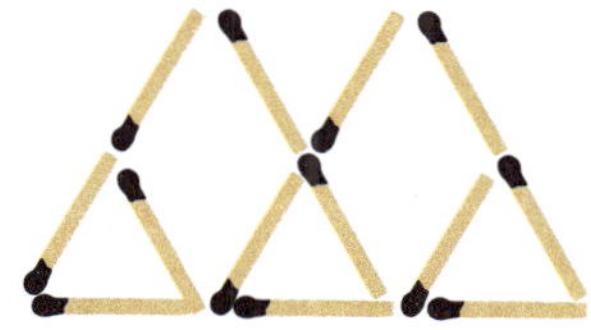

△ ___

2 Lege nach. Wie viele Quadrate siehst du?

□ ___

□ ___

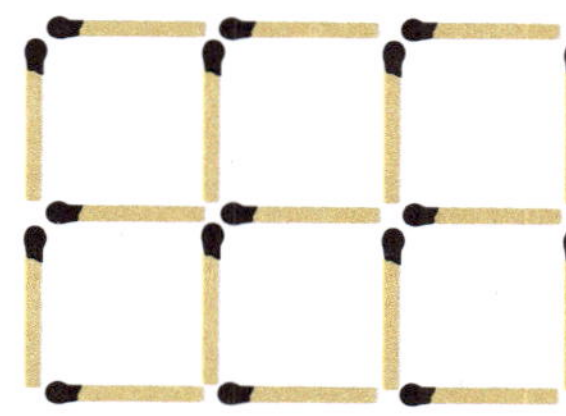

□ ___

3 Lege 3 ⸺• dazu. | Nimm 4 ⸺• weg. | Lege 1 ⸺• um.

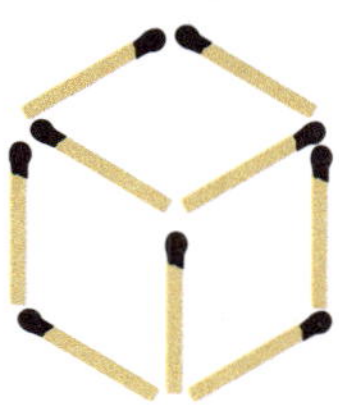

△ 6

□ 2

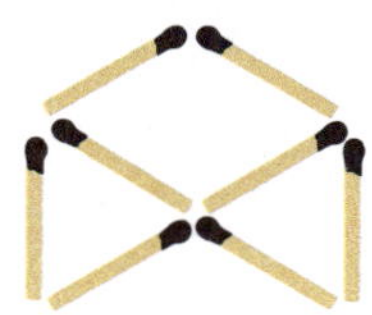

△ 3

4 Lege 4 ⸺• dazu. | Nimm 2 ⸺• weg. | Erst 1, dann 2 Häuser …

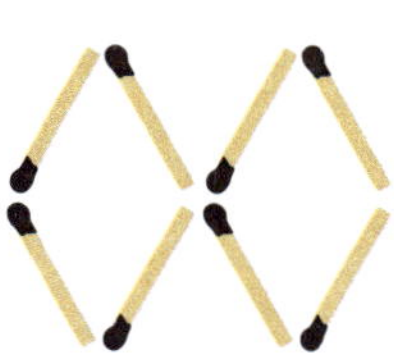

△ 6

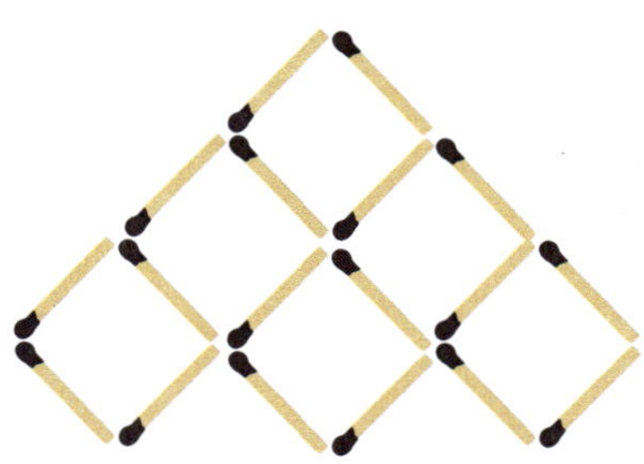

□ 4

1

Cent ct
1 ct
2 ct
5 ct
10 ct
20 ct
50 ct

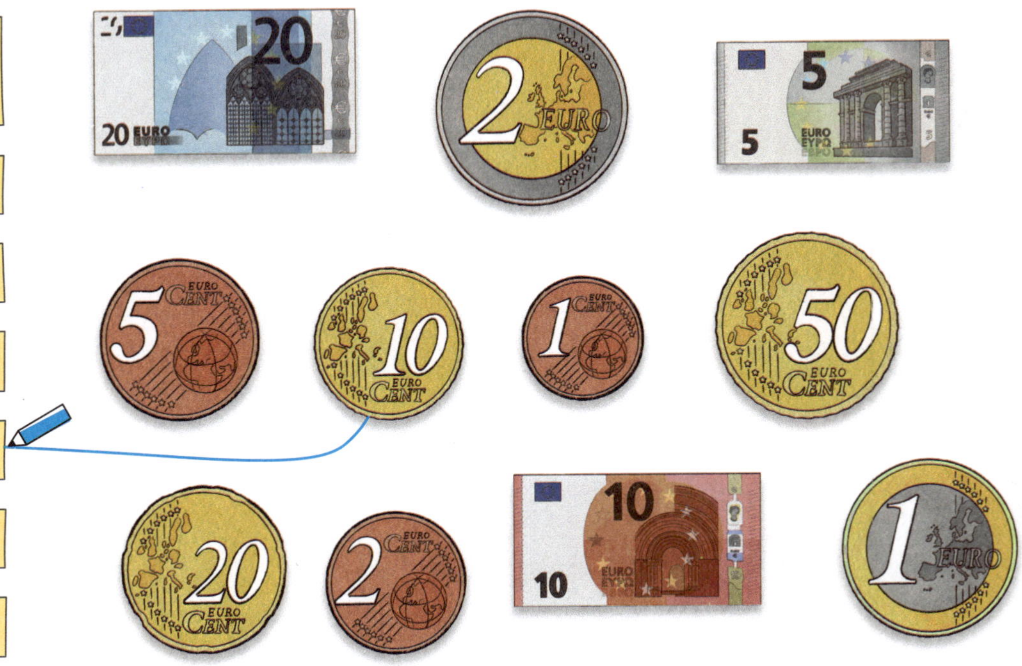

Euro €
1 €
2 €
5 €
10 €
20 €

2 Streiche das Falschgeld durch.

Es gibt 7 Fehler.

3

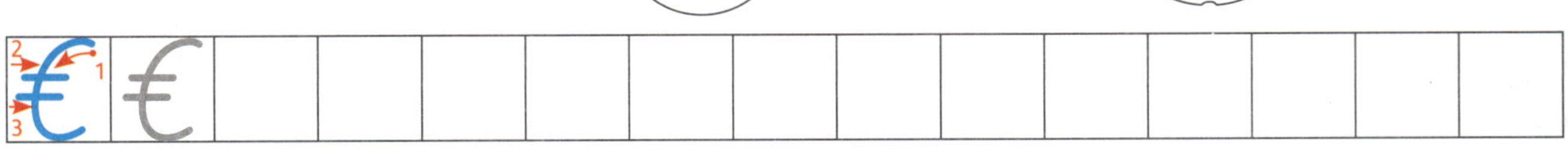

1 Euro-Münzen und -Scheine kennenlernen und mit ihrem Wert verbinden. **2** Münzen und Scheine, die es in Wirklichkeit nicht gibt, durchstreichen. **3** Münzen anhand ihrer Form erkennen und entsprechend dem Original anmalen. Hilfe: Mit Geld nachlegen. Schreibweise des Euro-Zeichens üben.

1

2

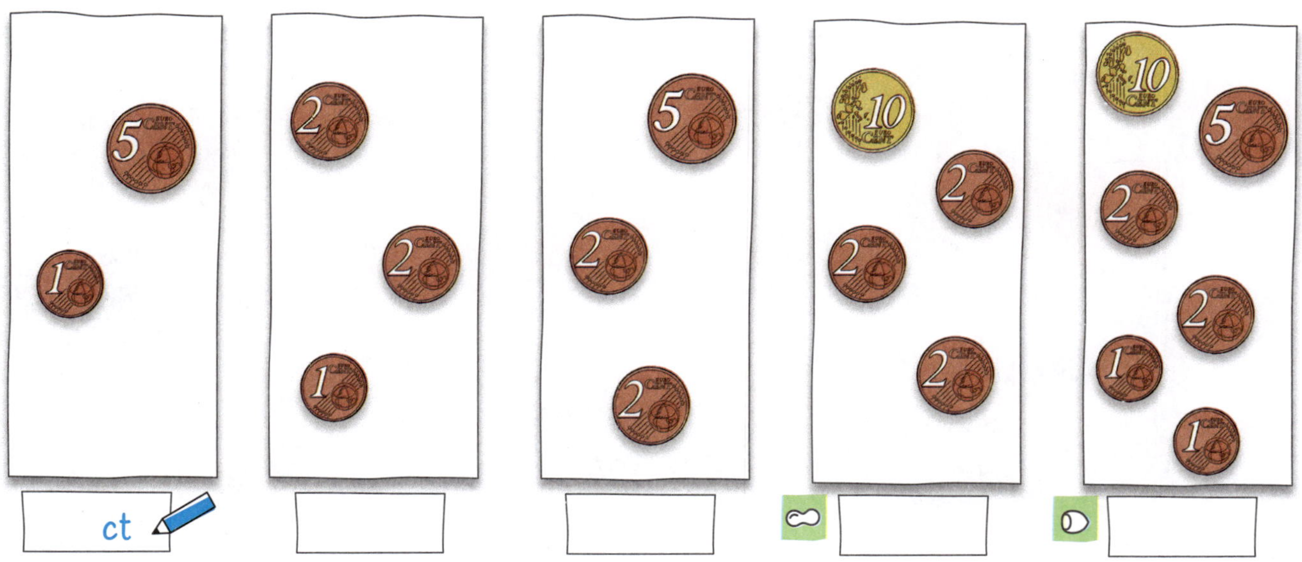

3

1 Vorgegebene Geldbeträge einkreisen und verbinden. **2** Centbeträge legen und den Wert aufschreiben. **3** Eurobeträge legen und den Wert aufschreiben.

Zahlen bis 20 bündeln

Die abgebildeten Gegenstände im Bild finden, jeweils die Anzahl bestimmen und notieren. Die Vorteile einer übersichtlichen Bündelung für die Anzahlerfassung erkennen, Fünferbündelung besonders betonen.

1

Zehner	Einer
1	4

! 10 Einer = 1 Zehner

2

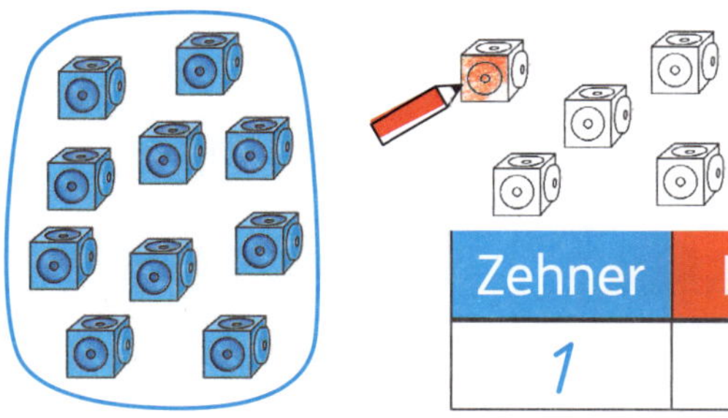

Zehner	Einer
1	

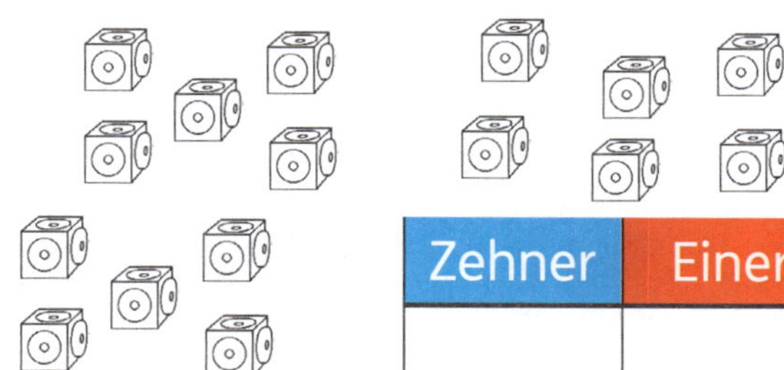

Zehner	Einer

3

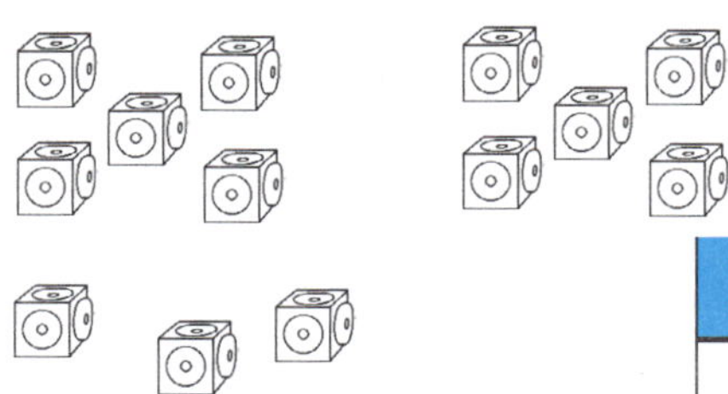

Z	E

Z	E

4

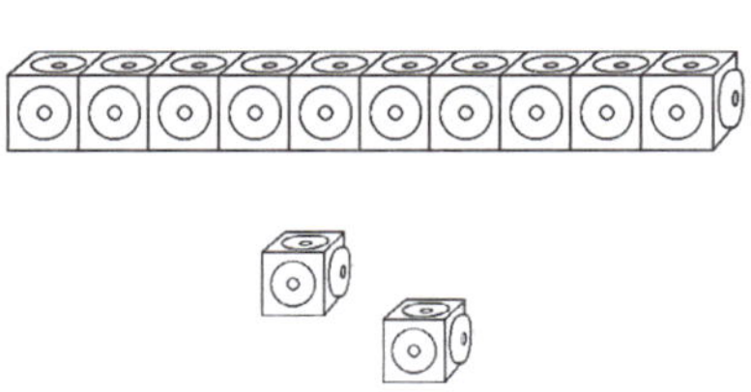

Z	E

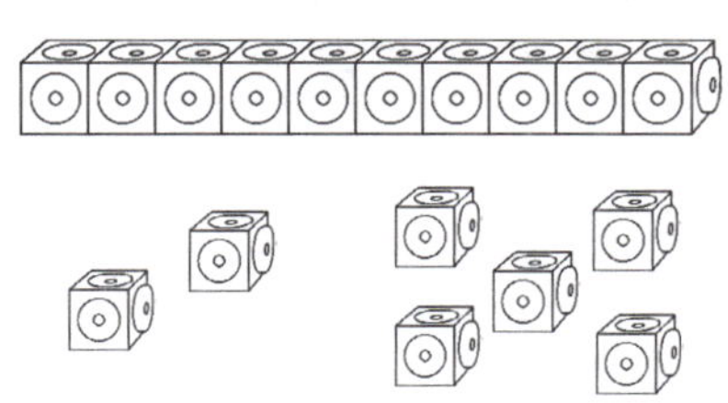

Z	E

5

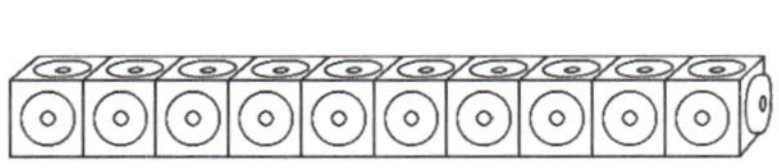

Z	E

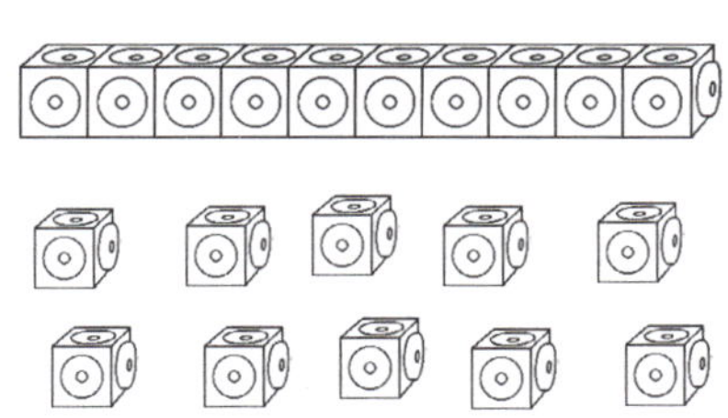

Z	E

Mit Zehnerbündelungen das Verständnis für die Zehner-Einer-Schreibweise der Zahlen bis 20 fördern. Bündelungen mit Material (Steckwürfel, Geld, Plättchen) durchführen und notieren. **2–5** Zehner jeweils blau färben und einkreisen, restliche Steckwürfel rot färben. Zerlegung notieren.

AH 43 62, 64, 66–69, 71–72, 74–75

1

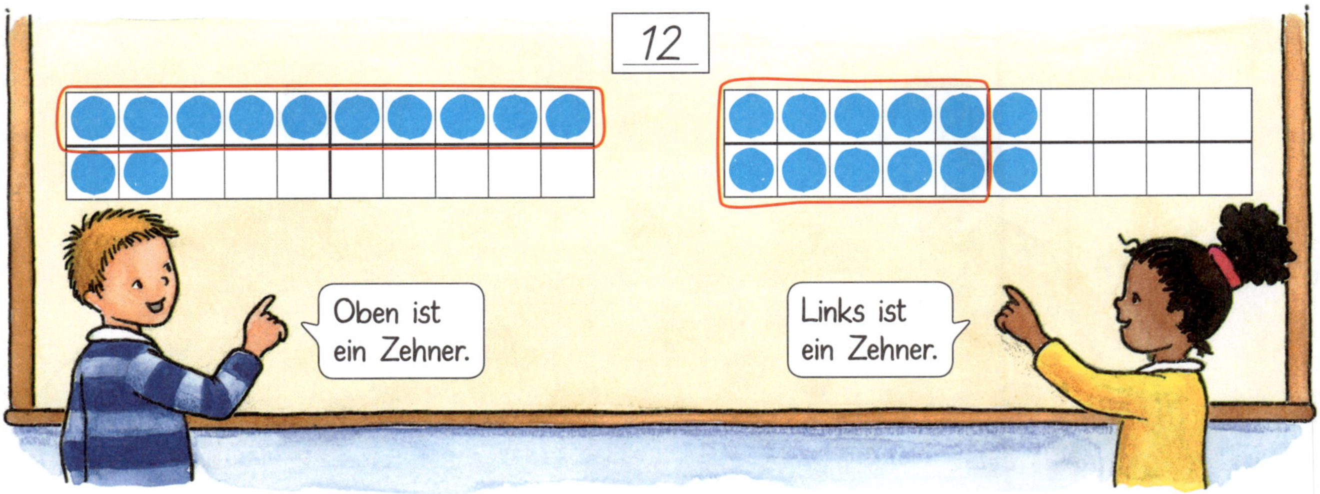

2 Kreise jeweils den Zehner ein.

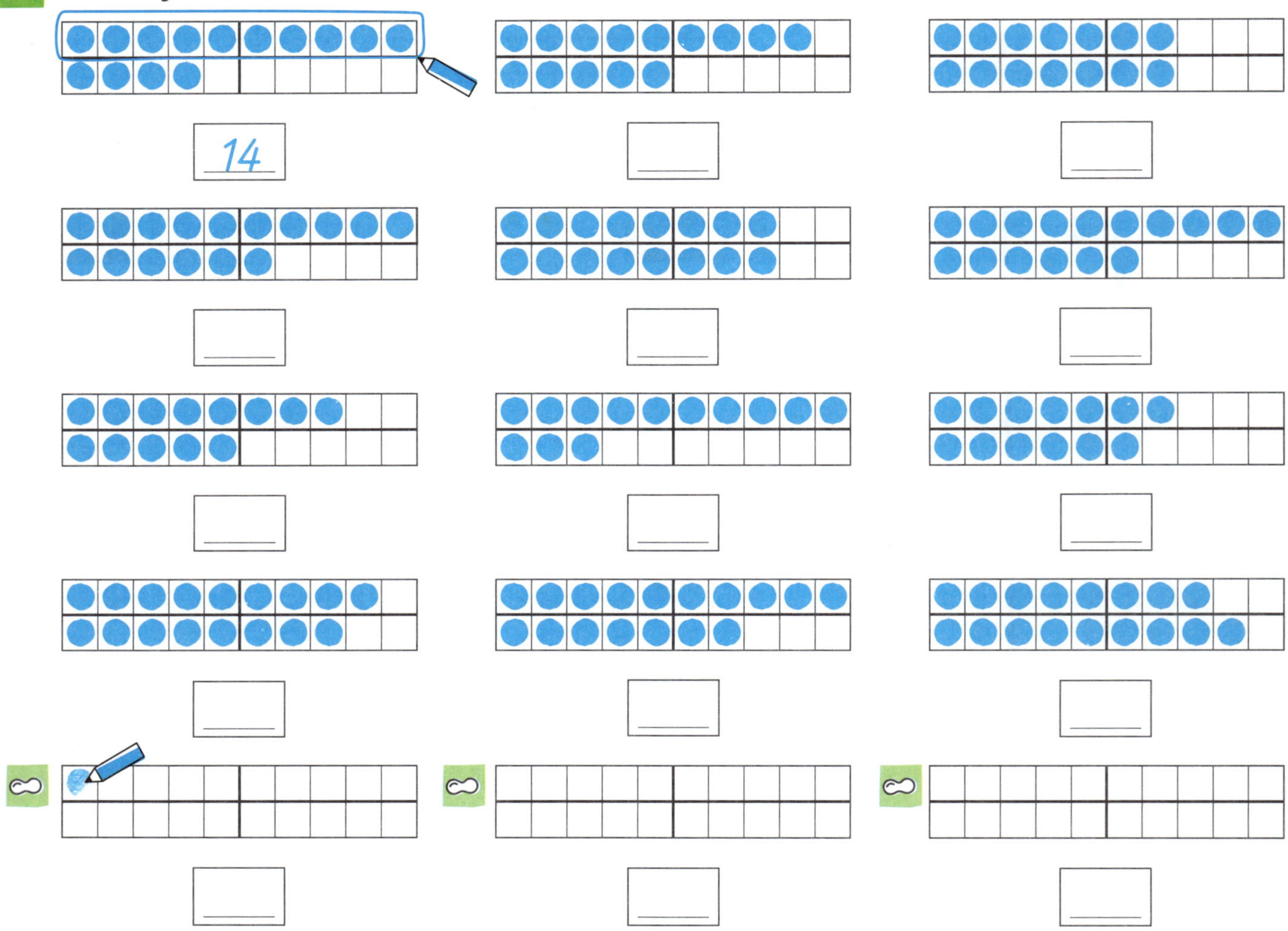

3 Lege Plättchen so auf dein Zwanzigerfeld, dass dein Partner sie leicht zählen kann.

11 12 13

15 17 18

1 Struktur des Zwanzigerfeldes und unterschiedliche Legemöglichkeiten besprechen, Zahlen legen. Das Legefeld auf der Umschlagklappe nutzen. **2** Anzahlen bestimmen oder selbst Anzahl festlegen.

1

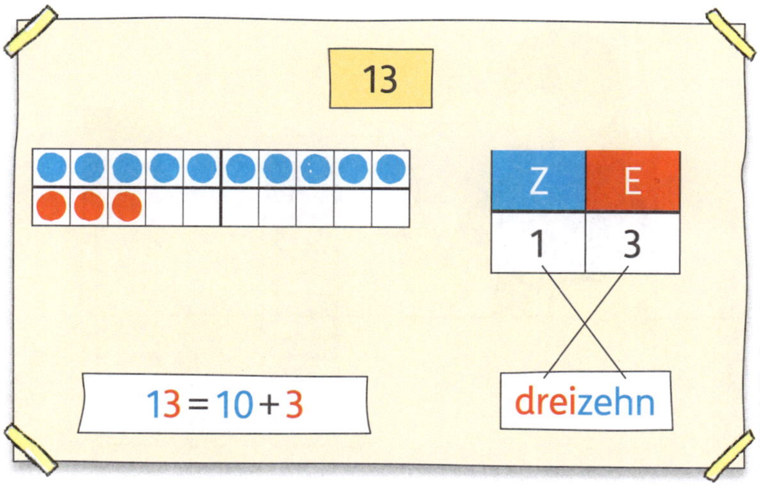

2 Zerlege die Zahlen.

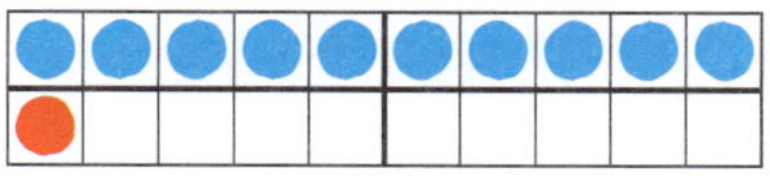

11 = 10 + 1

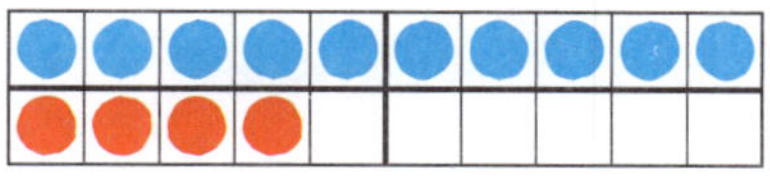

14 = 10 + ____

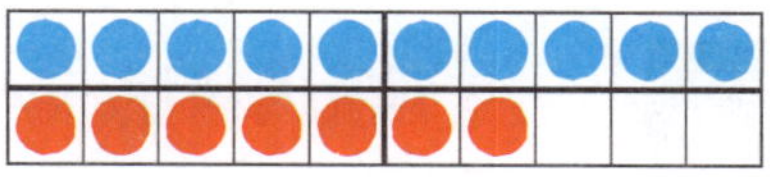

17 = 10 + ____

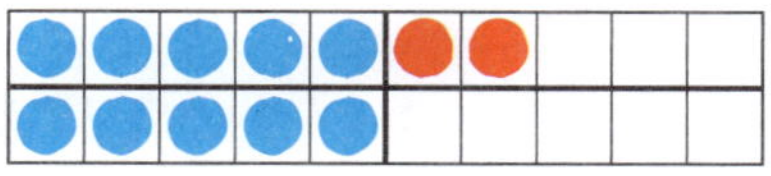

12 = ____ + ____

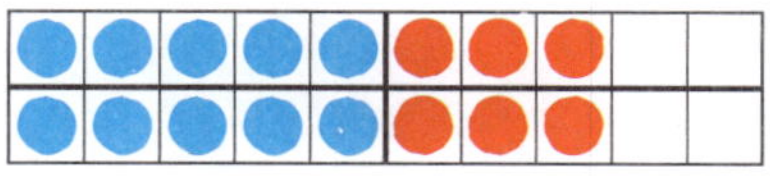

16 = ____ + ____

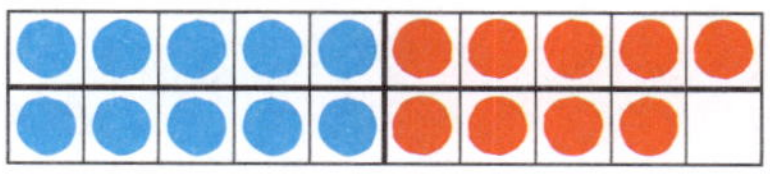

19 = ____ + ____

____ = ____ + ____

____ = ____ + ____

____ = ____ + ____

3

16 = 10 + 6	18 = ____ + 8	____ = 10 + 2	____ = 10 + 9
17 = ____ + 7	11 = 10 + ____	____ = 10 + 4	____ = 10 + 3
13 = 10 + ____	19 = ____ + 9	____ = 10 + 8	____ = 10 + 5
15 = ____ + 5	10 = 10 + ____	____ = 10 + 1	____ = 10 + 6
12 = 10 + ____	14 = ____ + 4	____ = 10 + 7	____ = 10 + 10

4

dreizehn	13	fünfzehn	____	einundzwanzig	____
elf	____	neunzehn	____	dreiundzwanzig	____
vierzehn	____	sechzehn	____	zweiundzwanzig	____
zwölf	____	siebzehn	____	fünfundzwanzig	____
achtzehn	____	zwanzig	____	vierundzwanzig	____

1 Steckbrief mit Darstellungsmöglichkeiten für zweistellige Zahlen besprechen. Unterschied zwischen Sprech- und Schreibweise thematisieren. **2, 3** Zahlzerlegungen vervollständigen.

AH 44 **KV** 59–60 76–77

Zahlen vergleichen

1

2 Lege und vergleiche.

3 < 8	4 ● 3	7 ● 5	8 ● 10	10 ● 6
13 ● 18	14 ● 13	17 ● 15	18 ● 20	20 ● 16
2 ● 1	9 ● 9	4 ● 6	10 ● 2	7 ● 8
12 ● 11	19 ● 19	14 ● 16	20 ● 12	17 ● 18
0 ● 0	8 ● 2	6 ● 3	1 ● 7	5 ● 4
10 ● 10	18 ● 12	16 ● 13	11 ● 17	15 ● 14

3

12 < 14	14 ● 15	11 ● 13	13 = ___	20 = ___
12 ● 13	15 ● 15	20 ● 10	13 < ___	20 > ___
12 ● 12	16 ● 15	7 ● 17	13 < ___	20 > ___
12 ● 11	17 ● 15	14 ● 9	13 > ___	20 < ___
12 ● 10	18 ● 15	18 ● 1	___ > ___	___ < ___

4 Vergleiche die Zahlen miteinander. Finde alle Möglichkeiten.

5	6	9

5 < 6	5 < 9
6 5	6 9
9 5	9 6

1	2	12

4	8	13

15	16	19

11	18	20

3	14	17

___	___	___

1 Die Zahlen bis 20 vergleichen. Dabei dient der Rückgriff auf die Zahlen im 1. Zehner als Hilfe. **2** Zahlen aus dem 1. und 2. Zehner paarweise vergleichen. **4** Aus jeweils 3 Zahlen lassen sich 6 Zahlvergleiche bilden.

AH 45 63, 65, 70, 73, 78–80

1 Immer 14.

2 Immer 12.

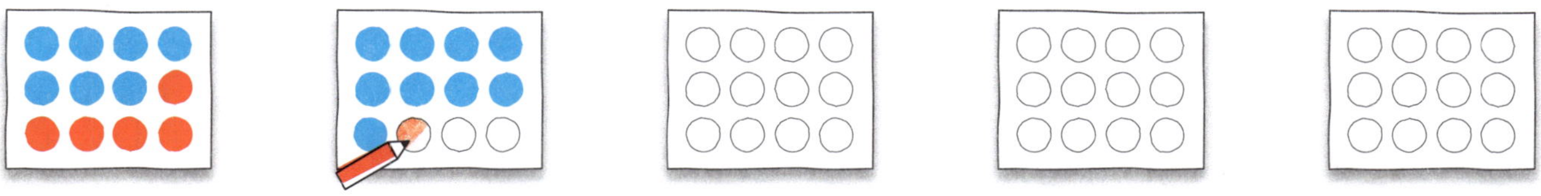

7 + 5 | 9 + ___ | 4 + ___ | 8 + ___ | 3 + ___

___ + 6 | ___ + 10 | ___ + 0 | ___ + 2 | ___ + 1

___ + ___ | ___ + ___ | ___ + ___ | ___ + ___ | ___ + ___

3

Plusaufgaben

1 Rechenkonferenz

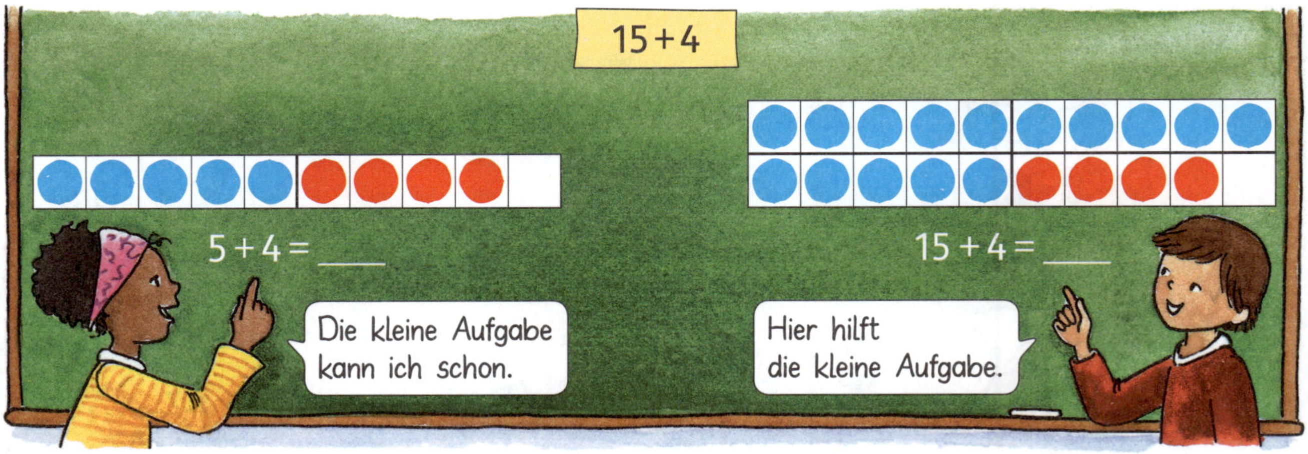

2

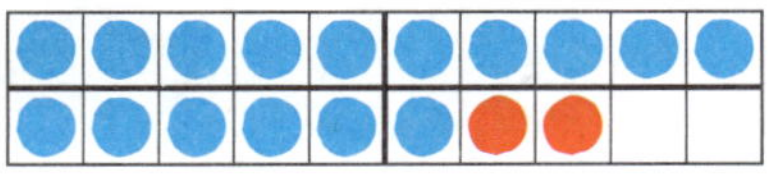

6 + 2 = ___
16 + 2 = ___

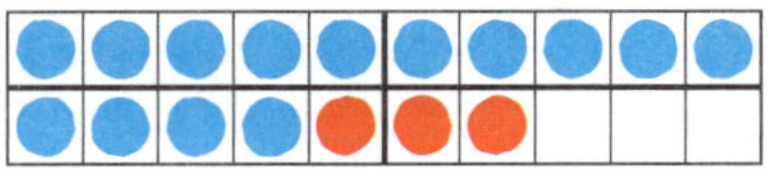

4 + 3 = ___
14 + 3 = ___

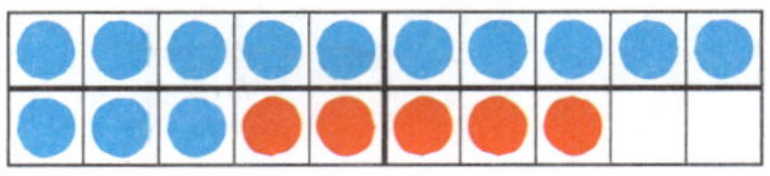

3 + 5 = ___
13 + 5 = ___

7 + 2 = ___
17 + 2 = ___

3 + 6 = ___
13 + 6 = ___

8 + 0 = ___
18 + 0 = ___

3

2 + 5 = ___	___ + ___ = ___	___ + ___ = ___	___ + ___ = ___
12 + 5 = ___	14 + 6 = ___	13 + 1 = ___	11 + 7 = ___
___ + ___ = ___	___ + ___ = ___	___ + ___ = ___	___ + ___ = ___
11 + 8 = ___	16 + 0 = ___	12 + 7 = ___	10 + 5 = ___
___ + ___ = ___	___ + ___ = ___	___ + ___ = ___	___ + ___ = ___
13 + 7 = ___	12 + 8 = ___	10 + 3 = ___	15 + 5 = ___

4

12 + 0	10 + 10	2 + 2	11 + 2
12 + 1	11 + 9	12 + 2	11 + 4
12 + 2	12 + 8	2 + 3	12 + 2
12 + 3	13 + 7	12 + 3	12 + 4
12 + 4	14 + 6	2 + 4	13 + 2

1 Zur Additionsaufgabe die Hilfsaufgabe erkennen. Beide Aufgaben mit Plättchen legen. **2** Aufgabe und Hilfsaufgabe mithilfe des Zwanzigerfeldes lösen. **3** Die Aufgaben können auch durch Legen oder Zeichnen gelöst werden.

1

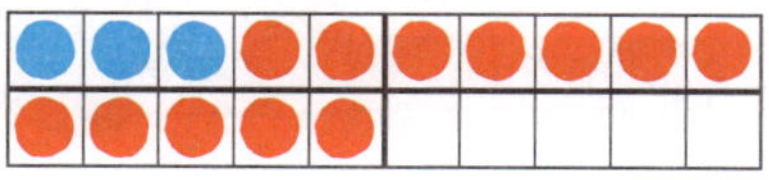

3 + 12 = ___
12 + 3 = ___

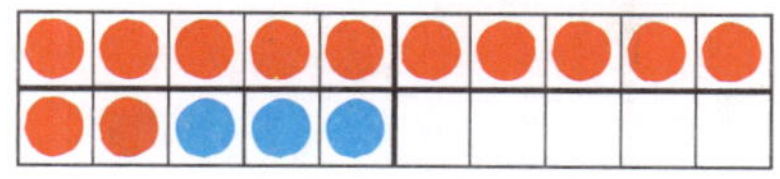

2

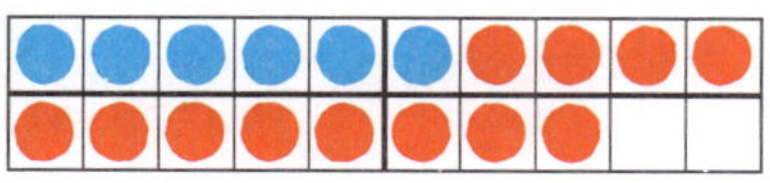

6 + 12 = ___
12 + 6 = ___

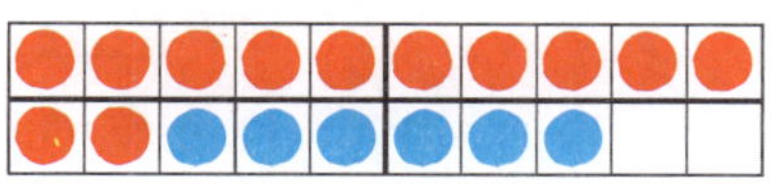

4 + 13 = ___
13 + ___ = ___

3 + 15 = ___
15 + ___ = ___

1 + 17 = ___
___ + ___ = ___

5 + 14 = ___
___ + ___ = ___

9 + 11 = ___
___ + ___ = ___

3

1 + 14 = ___
14 + 1 = ___

4 + 16 = ___
___ + ___ = ___

3 + 13 = ___
___ + ___ = ___

9 + 10 = ___
___ + ___ = ___

2 + 11 = ___
___ + ___ = ___

8 + 10 = ___
___ + ___ = ___

___ + ___ = ___
12 + 2 = ___

___ + ___ = ___
14 + 4 = ___

___ + ___ = ___
17 + 0 = ___

1 Situation von links und rechts betrachten. Aufgabe und Tauschaufgabe erfassen. **2** Aufgabe und Tauschaufgabe legen, zeichnen und ausrechnen. **3** Aufgabe und Tauschaufgabe ausrechnen.

Minusaufgaben

1 Rechenkonferenz

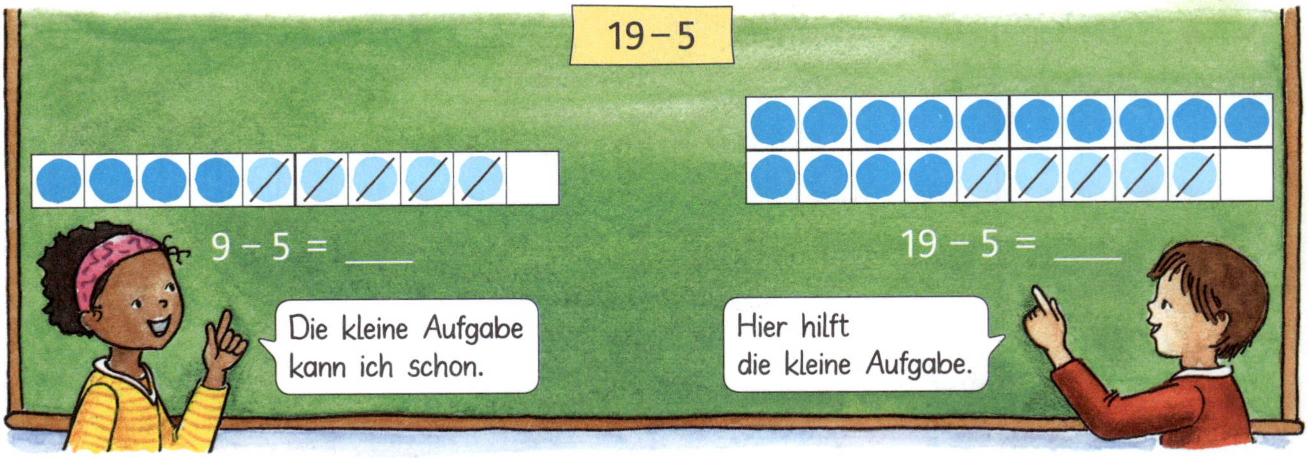

2

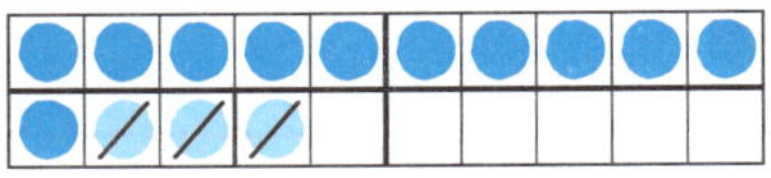

4 – 3 = ____
14 – 3 = ____

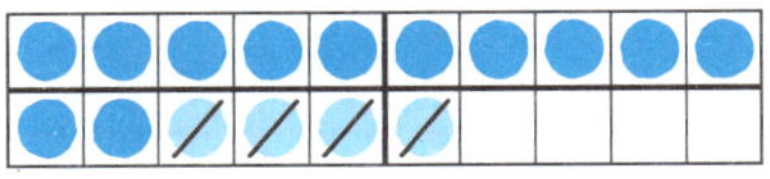

6 – 4 = ____
16 – 4 = ____

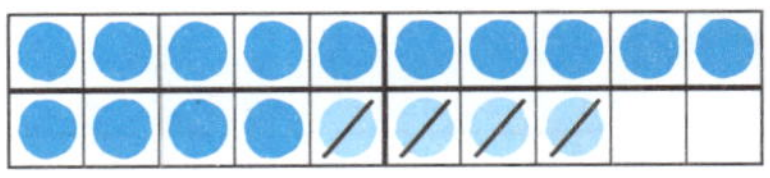

8 – 4 = ____
18 – 4 = ____

5 – 3 = ____
15 – 3 = ____

3 – 2 = ____
13 – 2 = ____

7 – 0 = ____
17 – 0 = ____

3

6 – 2 = ____	____ – ____ = ____	____ – ____ = ____	____ – ____ = ____
16 – 2 = ____	18 – 7 = ____	13 – 1 = ____	15 – 4 = ____
____ – ____ = ____	____ – ____ = ____	____ – ____ = ____	____ – ____ = ____
19 – 6 = ____	14 – 4 = ____	16 – 5 = ____	17 – 7 = ____
____ – ____ = ____	____ – ____ = ____	____ – ____ = ____	____ – ____ = ____
16 – 3 = ____	15 – 0 = ____	17 – 4 = ____	20 – 7 = ____

4

18 – 8	20 – 10	3 – 2	14 – 2
18 – 7	19 – 9	13 – 2	14 – 3
18 – 6	18 – 8	4 – 2	15 – 2
18 – 5	17 – 7	14 – 2	15 – 3
18 – 4	16 – 6	5 – 2	16 – 2

1 Zur Subtraktionsaufgabe die Hilfsaufgabe erkennen. Beide Aufgaben mit Plättchen legen und durch Wegschieben lösen. **2** Aufgabe und Hilfsaufgabe mithilfe des Zwanzigerfeldes lösen. **3** Die Aufgaben können auch durch Legen oder Zeichnen gelöst werden.

AH 49 **KV** 51, 62 169 – 170

1

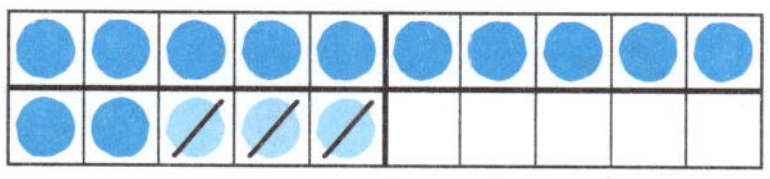

15 − 3 = ___

___ + 3 = 15

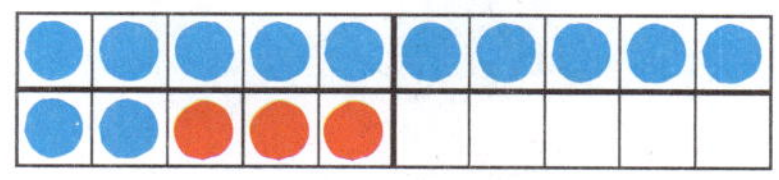

2

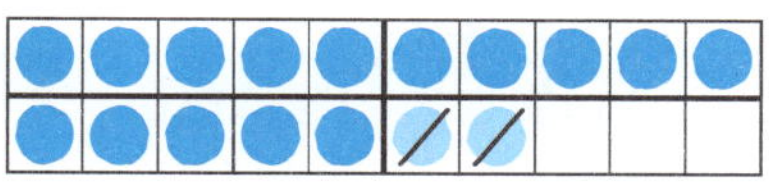

17 − 2 = ___

___ + 2 = ___

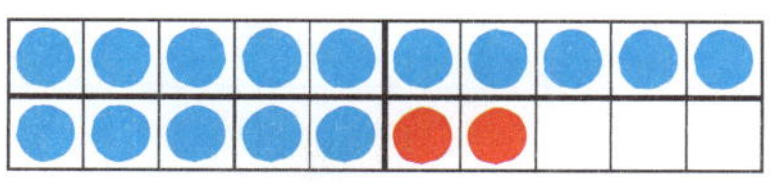

18 − 4 = ___

___ + 4 = ___

19 − 8 = ___

___ + 8 = ___

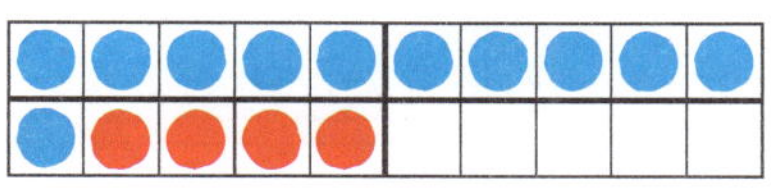

11 + 4 = ___

___ − 4 = ___

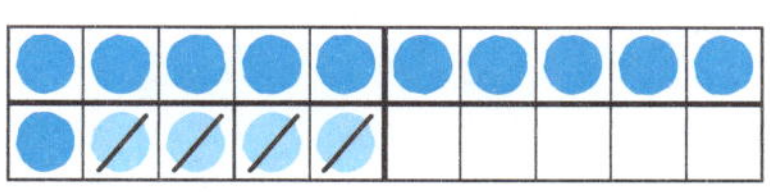

13 + 5 = ___

___ − ___ = ___

14 + 0 = ___

___ − ___ = ___

3

17 − 5 = ___

___ + ___ = ___

18 − 1 = ___

___ + ___ = ___

14 − 3 = ___

___ + ___ = ___

11 + 2 = ___

___ − 2 = ___

14 + 5 = ___

___ − ___ = ___

13 + 0 = ___

___ − ___ = ___

23 − 2 = ___

___ + ___ = ___

26 − 5 = ___

___ + ___ = ___

28 − 3 = ___

___ + ___ = ___

1

2

+	5	6	1
2	2 + 5 = ___	___ + ___ = ___	___ + ___ = ___
4	4 + ___ = ___	___ + ___ = ___	___ + ___ = ___
3	___ + ___ = ___	___ + ___ = ___	___ + ___ = ___

–	2	4	3
6	6 – 2 = ___	___ – ___ = ___	___ – ___ = ___
8	8 – ___ = ___	___ – ___ = ___	___ – ___ = ___
10	___ – ___ = ___	___ – ___ = ___	___ – ___ = ___

3

+	3	2	5
10	13		
15			
13			

+	1	4	5
13			
11			
14			

+	6	0	
11			
14			18
12			

–	5	0	4
16	11		
19			
15			

–	2	3	1
13			
16			
14			

–	6	7	
18			15
17			
20			

1 Vorgehensweise bei Tabellen kennenlernen und besprechen. **2, 3** Im Bereich der Addition und Subtraktion die Tabelle als Aufgabenformat einführen und üben.

1

2 Experimentiere mit dem Spiegel.

3 Zeige mit dem Spiegel 1, 2, 3, ..., 10 Bärchen.

4 Welches Bild ist das Spiegelbild des ersten Bildes? Kreuze an.

1–3 Mit dem Spiegel experimentieren. **4** Das korrekte Spiegelbild der ersten Figur ankreuzen. Angeben, wo die Fehler in den anderen Bildern liegen.

Verdoppeln mit dem Spiegel

1

2 Verdopple mit dem Spiegel.

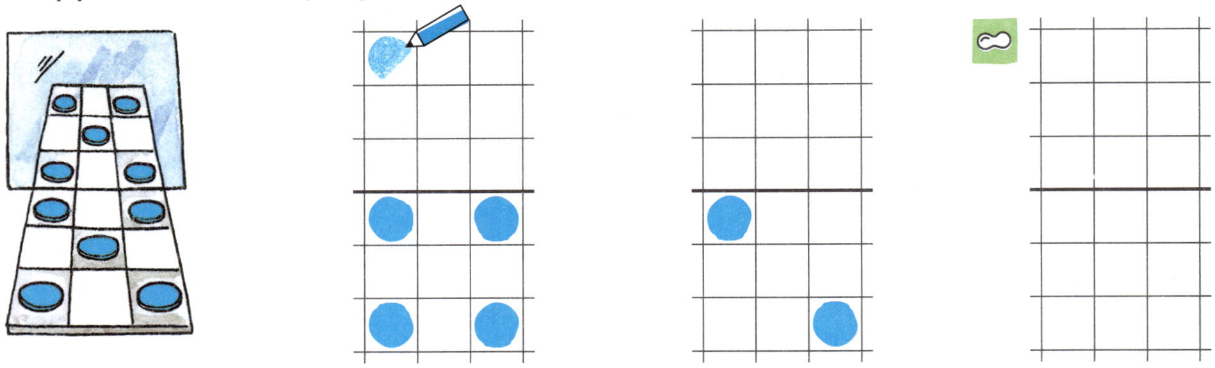

5 + 5 = ____ | ____ + ____ = ____ | ____ + ____ = ____ | ____ + ____ = ____

3

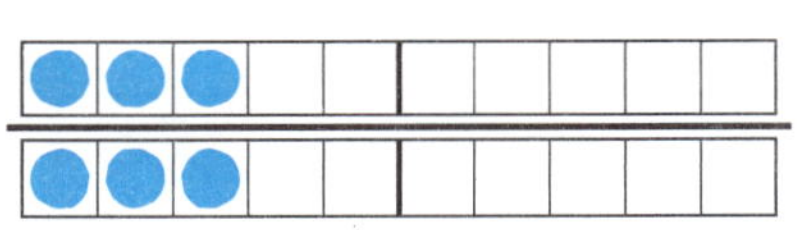

3 + 3 = ____

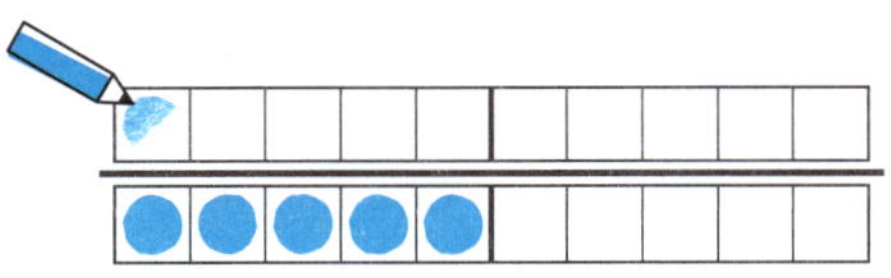

____ + ____ = ____

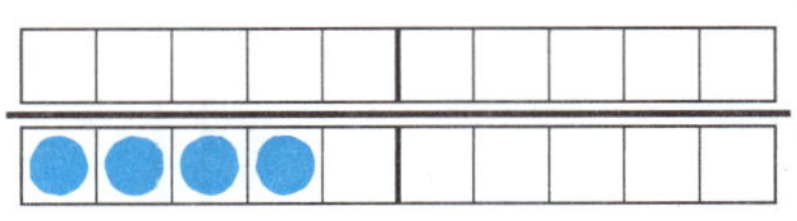

____ + ____ = ____

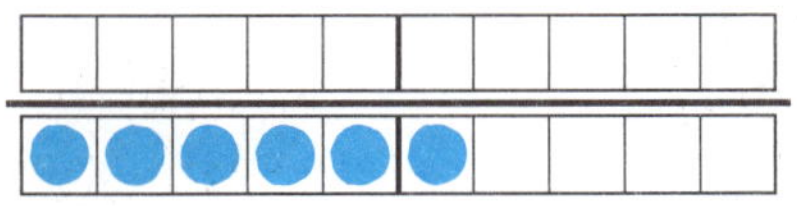

____ + ____ = ____

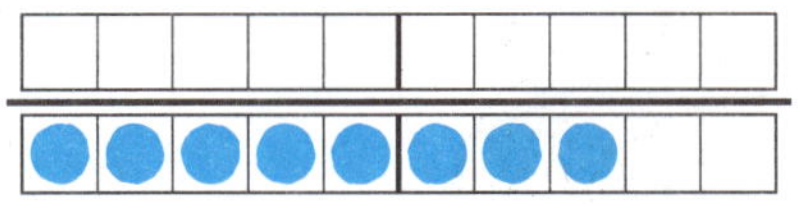

____ + ____ = ____

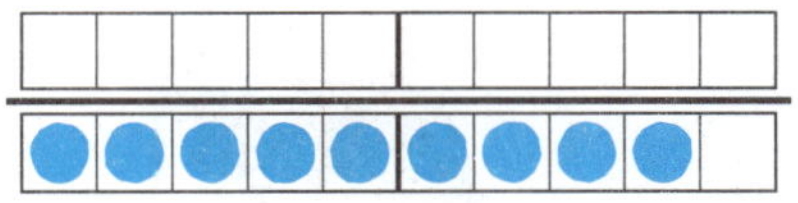

____ + ____ = ____

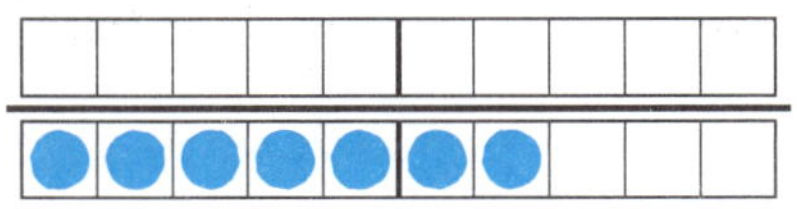

____ + ____ = ____

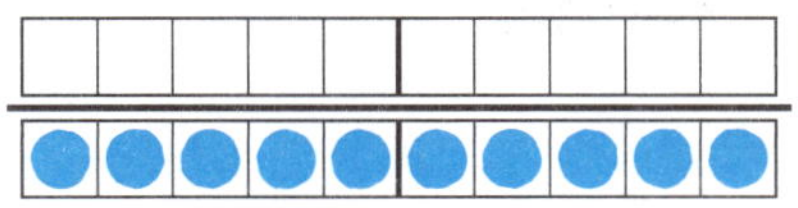

____ + ____ = ____

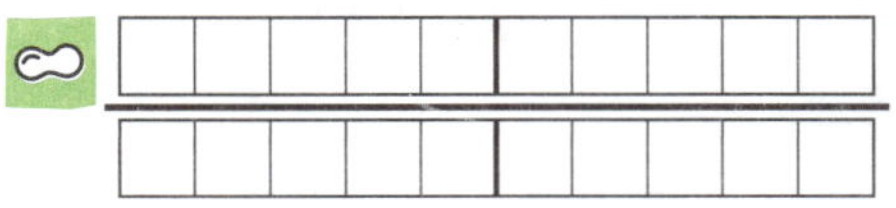

____ + ____ = ____

4 Lege Plättchen auf dem Zehnerfeld. Verdopple mit dem Spiegel.

Zahl	1	2	3	4	5	6	7	8	9	10
das Doppelte										

1 Zum Bild erzählen, Verdopplungsaufgaben finden. **2, 3** Plättchenmuster spiegeln, Spiegelbild einzeichnen, die Verdopplungsaufgabe schreiben und lösen. **4** Plättchen legen und spiegeln, Anzahl erkennen und in die Tabelle schreiben (Umschlagklappe).

1

2 Färbe jeweils die Hälfte.

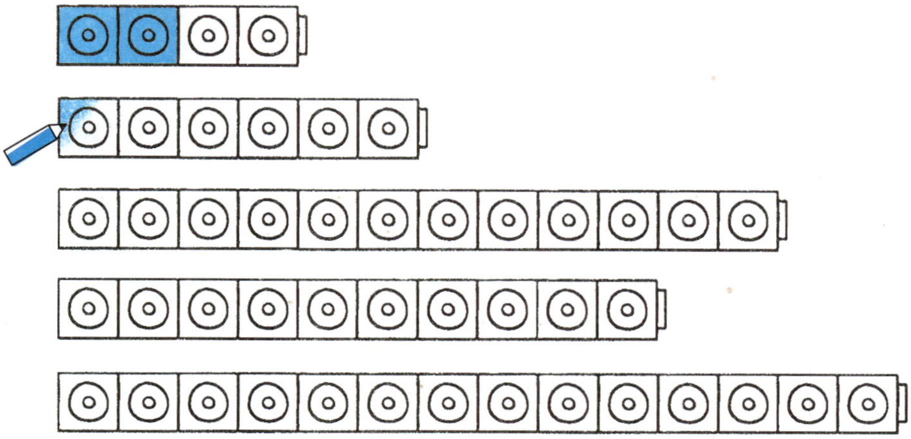

4 = 2 + ___

___ = ___ + ___

___ = ___ + ___

___ = ___ + ___

___ = ___ + ___

3 Färbe jeweils die Hälfte.

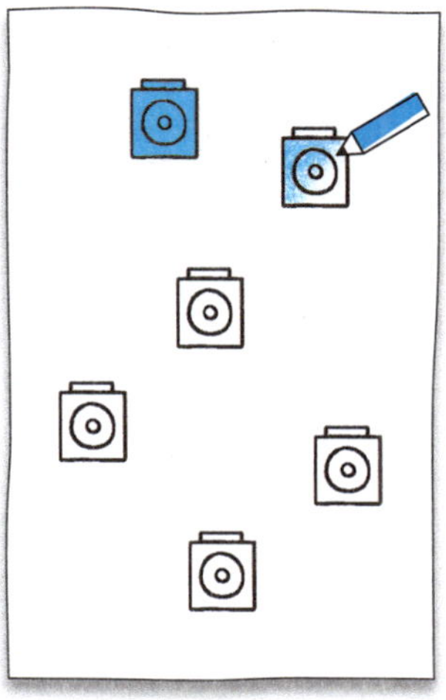

6 = 3 + ___

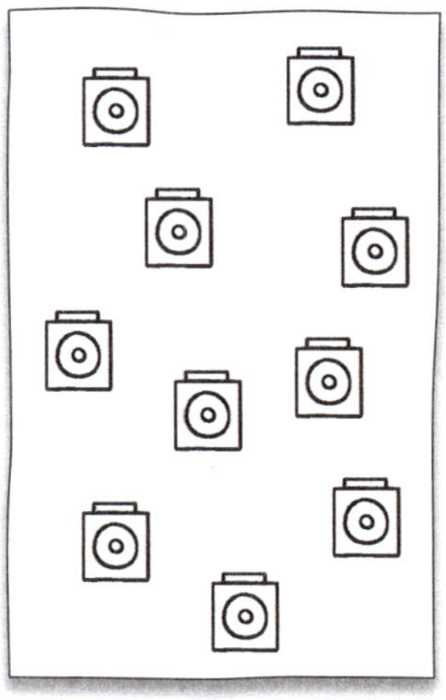

___ = ___ + ___

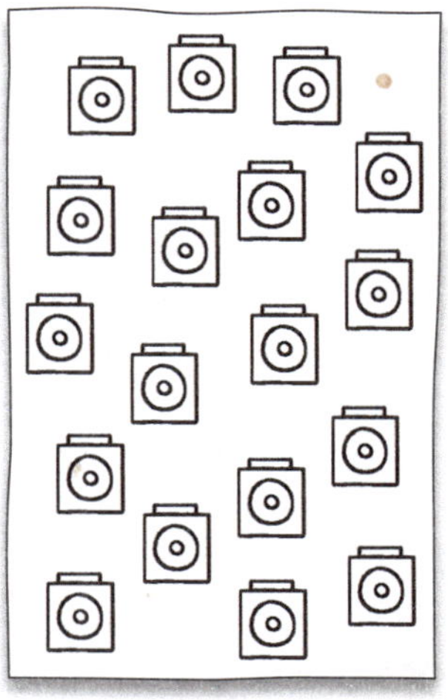

___ = ___ + ___

4 Untersuche die Zahlen.

Zahl	14	5	20	8	11	16		17		22		27	
die Hälfte	7	–					6		9		12		15

1, 2, 4 Steckwürfel als Lösungshilfe verwenden.

1 Lege nach und zähle.

57

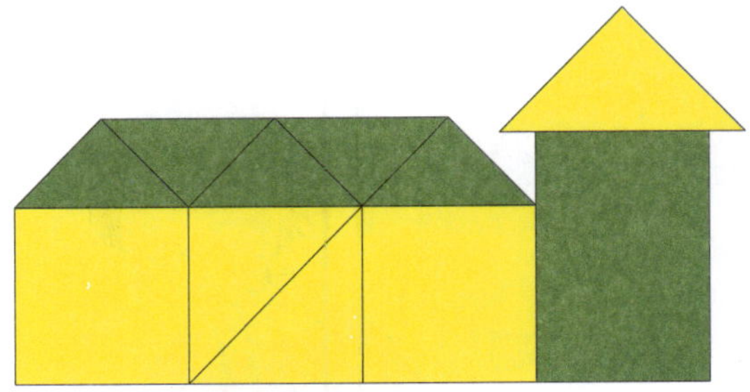

△ 7 □ ___ ▭ ___

△ ___ □ ___ ▭ ___

2

63

[€] [ ] [ ] [ ]

3

70
72

14 + 4 = ___	17 + 2 = ___	16 − 1 = ___	15 − 4 = ___
12 + 8 = ___	18 + 0 = ___	18 − 8 = ___	13 − 0 = ___
16 + 1 = ___	16 + 4 = ___	14 − 3 = ___	18 − 7 = ___
13 + 5 = ___	10 + 7 = ___	19 − 6 = ___	20 − 9 = ___
11 + 9 = ___	15 + 3 = ___	17 − 5 = ___	19 − 2 = ___
17 18 18 19 20 20	17 17 18 18 19 20	10 11 12 13 14 15	10 11 11 11 13 17

4 Kontrolliere mit der Umkehraufgabe.

73

16 − 5 = 11	15 − 3 = ___	19 − 4 = ___	14 − 1 = ___
11 + ___ = ___	___ + ___ = ___	___ + ___ = ___	___ + ___ = ___
12 + 6 = ___	13 + 5 = ___	15 + 0 = ___	11 + 8 = ___
___ − ___ = ___	___ − ___ = ___	___ − ___ = ___	___ − ___ = ___
18 − 2 = ___	17 − 4 = ___	10 + 9 = ___	12 + 7 = ___
___ + ___ = ___	___ + ___ = ___	___ − ___ = ___	___ − ___ = ___

1 Gebäude nachlegen und die Anzahl der verwendeten Formen notieren. **2** Eurobeträge nachlegen und bestimmen.

AH 53 KV 121–123

1 38–46

2 + 4 = ___	8 + 0 = ___	4 − 2 = ___	7 − 1 = ___
5 + 3 = ___	6 + 2 = ___	5 − 4 = ___	9 − 8 = ___
3 + 7 = ___	5 + 5 = ___	6 − 3 = ___	6 − 4 = ___
7 + 2 = ___	0 + 7 = ___	9 − 5 = ___	3 − 3 = ___
4 + 6 = ___	9 + 1 = ___	5 − 0 = ___	7 − 6 = ___
6 7 8 9 10 10	7 8 8 9 10 10	0 1 2 3 4 5	0 1 1 2 5 6

2 Rechne auch die Tauschaufgabe.

42

2 / 3	3 / 6	8 / 2	9 / 1	2 / 5	6 / 4
2 + 3 = 3 + 2 =	4 / 5	1 / 2	0 / 6	4 / 3	10 / 0

3 52

☐ 4 | 2	☐ 3 | 3	☐ 5 | 4	☐ 9 | 0	☐ 3 | 5	☐ 7 | 1
8 5 | ☐	4 0 | ☐	9 1 | ☐	6 ☐ | 4	7 ☐ | 3	8 ☐ | 8
10 0 | ☐	10 3 | ☐	10 5 | ☐	10 ☐ | 8	10 ☐ | 6	10 ☐ | 4

4 Finde alle Mauern, die du aus diesen Steinen bauen kannst.

52

Es gibt 8 Lösungen.

7 3 | 4	☐ ☐ | ☐	☐ ☐ | ☐	☐ ☐ | ☐
☐ ☐ | ☐	☐ ☐ | ☐	☐ ☐ | ☐	☐ ☐ | ☐

Mit Geld umgehen

1 Lege mit möglichst wenig Münzen.

Betrag	gelegt
11 ct	10 ct 1 ct
12 ct	
13 ct	
14 ct	
15 ct	
16 ct	
17 ct	
18 ct	
19 ct	
20 ct	

2 Welche Münzen können es sein?

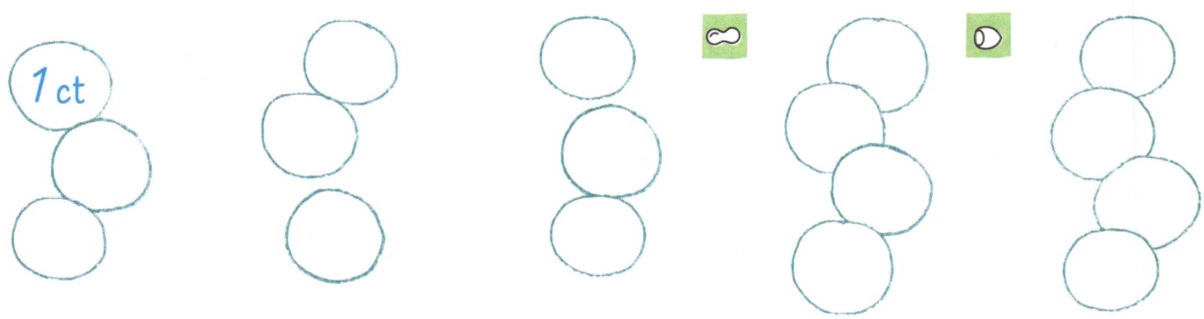

3 ct | 6 ct | 8 ct | 12 ct | 22 ct

3 Lege nach. Nimm immer 2 Münzen.
Wie viel Geld hast du?
Schreibe alle Möglichkeiten auf.

2 ct + 2 ct = ct
ct + ct = ct

Nimm jetzt immer 3 Münzen.

Es gibt 5 Möglichkeiten.

Es gibt 5 Möglichkeiten.

1 Geldbeträge mit möglichst wenig Münzen legen und in der Tabelle einzeichnen. **2** Beträge mit vorgegebener Münzenanzahl legen. **3** Aufgabe handelnd lösen und die Ergebnisse als Additionsaufgabe im Heft notieren.

1 Finde verschiedene Möglichkeiten.

Betrag					
10 €			II		
10 €					
10 €					
15 €					
15 €					
15 €					
20 €					
20 €					
20 €					

2 Welche Münzen und Scheine können es sein?

4 € | 5 € | 9 € | 12 € | 26 €

3 Lege nach. Nimm immer eine Münze und einen Schein.

Wie viel Geld hast du?

Schreibe alle Möglichkeiten auf.

5 € + 2 € = €

€ + € = €

Es gibt 4 Möglichkeiten.

Es gibt 4 Möglichkeiten.

1 Die gleichen Beträge auf verschiedene Weise legen. **2** Beträge mit vorgegebener Münzen- und Scheineanzahl legen. **3** Aufgabe handelnd lösen und die Ergebnisse als Additionsaufgabe im Heft notieren.

Mit Geld rechnen
Auf dem Flohmarkt

1

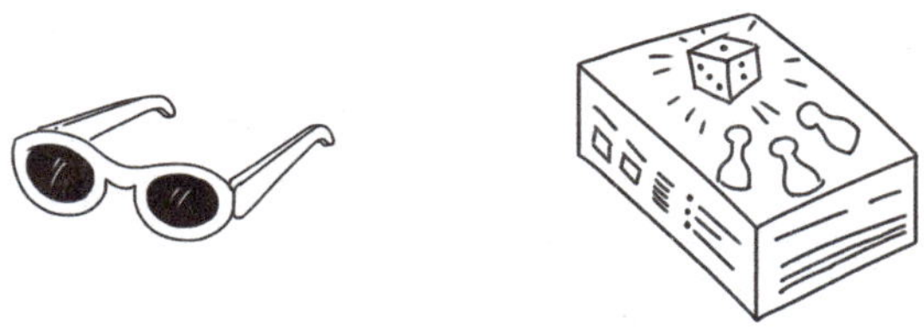

5 € + 3 € =

5 € (1 €) ( )

2

3

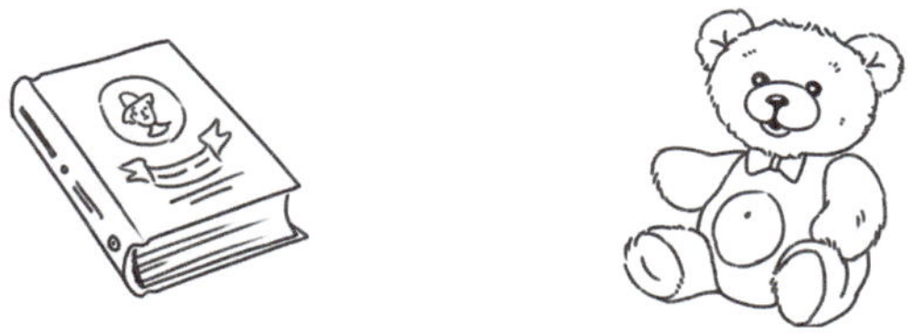

4

5

6

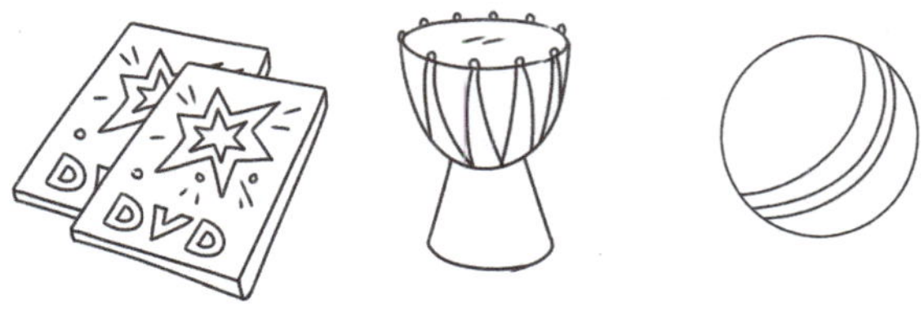

Zum Bild erzählen, Sachsituation zum Thema „Flohmarkt“ spielen und Aufgaben dazu finden. **1–6** Gesamtpreis berechnen, als Münzen und Scheine malen.

7 Sina hat: Sie kauft:

5 € − 4 € =

Sie hat noch ____ € übrig.

8 Jan hat: Er kauft:

Er hat noch ____ € übrig.

9 Tim hat: Er kauft:

Er hat noch ____ € übrig.

10 Lara hat: Sie kauft:

Sie hat noch ____ € übrig.

11 Du hast: Du kaufst:

Du hast noch ____ € übrig.

1 Ergänze: Immer 10.

2 Ergänze zur 10.

4 + 6 = 10	1 + ___ = 10	___ + 2 = 10	___ + 3 = 10
5 + ___ = 10	3 + ___ = 10	___ + 0 = 10	___ + 6 = 10
6 + ___ = 10	2 + ___ = 10	___ + 1 = 10	___ + 5 = 10
7 + ___ = 10	0 + ___ = 10	___ + 9 = 10	___ + 7 = 10
8 + ___ = 10	9 + ___ = 10	___ + 4 = 10	___ + 8 = 10

3

6 + 4 + 2	2 + 8 + 3	5 + 5 + 8	1 + 9 + 6
8 + 2 + 3	3 + 7 + 5	9 + 1 + 9	8 + 2 + 1
7 + 3 + 6	4 + 6 + 8	6 + 4 + 9	7 + 3 + 4
5 + 5 + 0	10 + 0 + 4	2 + 8 + 7	0 + 10 + 7
10 12 13 14 16	12 13 14 15 18	16 17 18 19 19	11 12 14 16 17

4

6	7
6 + 0	___ + ___
___ + ___	___ + ___
___ + ___	___ + ___
___ + ___	___ + ___
___ + ___	___ + ___
___ + ___	___ + ___
___ + ___	___ + ___
	___ + ___

5

7 + 2 7 + 3 7 + 4 7 + 5	8 + 1 8 + 2 8 + 3 8 + 4
9 + 1 9 + 2 9 + 3 9 + 4	1 + 1 2 + 2 3 + 3 4 + 4

1–5 Zentrale Übungen zum Ergänzen und Zerlegen in Vorbereitung auf die Zehnerüberschreitung beim Addieren. **1** Spiel zum Ergänzen auf 10 mit den Zahlenkarten. **3** Addieren zur 10 und dann weiter. **5** Schrittweise über den Zehner.

AH 58 **KV** 40, 51

1

2 Lege, zeichne und rechne.

9 + 4
9 + ___ = 10
10 + ___ = ___

4 + 7
___ + ___ = 10
___ + ___ = ___

8 + 6
___ + ___ = 10
___ + ___ = ___

9 + 3
___ + ___ = ___
___ + ___ = ___

7 + 6
___ + ___ = ___
___ + ___ = ___

6 + 9
___ + ___ = ___
___ + ___ = ___

5 + 8
___ + ___ = ___
___ + ___ = ___

2 + 9
___ + ___ = ___
___ + ___ = ___

3 + 9
___ + ___ = ___
___ + ___ = ___

3 Lege und rechne.

9 + 2 = ___
8 + 7 = ___
3 + 8 = ___
4 + 8 = ___

11 11 12 14 15

4 + 9 = ___
7 + 5 = ___
5 + 9 = ___
6 + 6 = ___

12 12 13 14 15

7 + 7 = ___
6 + 5 = ___
5 + 7 = ___
7 + 9 = ___

11 12 13 14 16

8 + 8 = ___
7 + 8 = ___
8 + 9 = ___
6 + 7 = ___

12 13 15 16 17

1 Zehnerübergang am Bild und Zwanzigerfeld erarbeiten. **2** Aufgaben durch Legen am Zwanzigerfeld lösen und notieren. Zehnerübergang üben, gegebenenfalls Zwanzigerfeld nutzen.

1 Rechenkonferenz

6 + 7

2 Wie rechnest du? Erkläre deinem Partner.

6 + 5	7 + 6	7 + 7
___ + ___ = ___	___ + ___ = ___	___ + ___ = ___
___ + ___ = ___	___ + ___ = ___	___ + ___ = ___

8 + 9	9 + 5	5 + 8
___ + ___ = ___	___ + ___ = ___	___ + ___ = ___
___ + ___ = ___	___ + ___ = ___	___ + ___ = ___

8 + 7	6 + 9	9 + 9
___ + ___ = ___	___ + ___ = ___	___ + ___ = ___
___ + ___ = ___	___ + ___ = ___	___ + ___ = ___

3

8 + 4 = ___	8 + 8 = ___	9 + 6 = ___	7 + 8 = ___
7 + 9 = ___	7 + 4 = ___	5 + 6 = ___	4 + 8 = ___
5 + 7 = ___	9 + 3 = ___	8 + 5 = ___	6 + 6 = ___
3 + 8 = ___	6 + 8 = ___	4 + 9 = ___	9 + 8 = ___
11 12 12 14 16	11 12 14 15 16	11 12 13 13 15	12 12 13 15 17

1 Im Rahmen einer Rechenkonferenz verschiedene Strategien kennenlernen, besprechen und vergleichen. **2** Strategien nutzen. **3** Bei Bedarf Aufgaben im Zwanzigerfeld legen.

1

☐ + ☐ = ☐

2

4	4	10
6	5	11
7	6	12
		6

☐ + ☐ = ☐

3	6	9
4	8	12
7	9	13
		5

☐ + ☐ = ☐

3 Finde alle passenden Aufgaben.

2	3	7
4	5	10
6	6	12
7	8	15
		9

☐ + ☐ = ☐

3	0	7
7	1	11
12	4	15
15	8	16
		8

☐ + ☐ = ☐

1 Das Übungsformat „Pinnwand" einführen: Möglichst viele Additionsaufgaben mit den vorgegebenen Zahlen finden und notieren. Die kleine Zahl in jeder Pinnwand rechts unten ist die Anzahl der möglichen Lösungen. **3** Systematisches Probieren einführen.

AH 61 **KV** 65–67

1 + 1 Tafel

1 Rechne und male die Felder so an:

0+0	0+1	0+2	0+3	0+4	0+5	0+6	0+7	0+8	0+9	0+10
1+0	1+1	1+2	1+3	1+4	1+5	1+6	1+7	1+8	1+9	1+10
2+0	2+1	2+2	2+3	2+4	2+5	2+6	2+7	2+8	2+9	2+10
3+0	3+1	3+2	3+3	3+4	3+5	3+6	3+7	3+8	3+9	3+10
4+0	4+1	4+2	4+3	4+4	4+5	4+6	4+7	4+8	4+9	4+10
5+0	5+1	5+2	5+3	5+4	5+5	5+6	5+7	5+8	5+9	5+10
6+0	6+1	6+2	6+3	6+4	6+5	6+6	6+7	6+8	6+9	6+10
7+0	7+1	7+2	7+3	7+4	7+5	7+6	7+7	7+8	7+9	7+10
8+0	8+1	8+2	8+3	8+4	8+5	8+6	8+7	8+8	8+9	8+10
9+0	9+1	9+2	9+3	9+4	9+5	9+6	9+7	9+8	9+9	9+10
10+0	10+1	10+2	10+3	10+4	10+5	10+6	10+7	10+8	10+9	10+10

5 + 5 = ___ 9 + 9 = ___
6 + 6 = ___ 7 + 7 = ___
8 + 8 = ___ 10 + 10 = ___

6 + 4 = ___ 8 + 2 = ___
7 + 3 = ___ 0 + 10 = ___
10 + 0 = ___ 1 + 9 = ___
9 + 1 = ___ 3 + 7 = ___
4 + 6 = ___ 2 + 8 = ___

10 + 1 = ___ 2 + 10 = ___
10 + 2 = ___ 4 + 10 = ___ 10 + 6 = ___ 7 + 10 = ___
10 + 4 = ___ 1 + 10 = ___ 10 + 7 = ___ 6 + 10 = ___
10 + 3 = ___ 3 + 10 = ___ 10 + 9 = ___ 8 + 10 = ___
10 + 5 = ___ 5 + 10 = ___ 10 + 8 = ___ 9 + 10 = ___

7 + 4 = ___ 8 + 6 = ___ 7 + 6 = ___ 9 + 2 = ___
4 + 7 ___________

8 + 4 = ___ 7 + 5 = ___ 8 + 5 = ___ 8 + 7 = ___

6 + 5 = ___ 8 + 3 = ___ 9 + 4 = ___ 9 + 6 = ___

9 + 3 = ___ 9 + 5 = ___ 9 + 7 = ___ 9 + 8 = ___

2 Was bedeuten die Farben? Verbinde.

Ergebnis 10

Aufgaben mit 10

verdoppeln

restliche Aufgaben

1 Aufgaben lösen und in der 1+1 Tafel entsprechend der Vorgabe einfärben. **2** Farbsystematik der 1+1 Tafel erkennen und entsprechend verbinden.

1

2 Finde alle Nachbaraufgaben. Welche Aufgabe hilft dir? Kreise ein.

	6 + 6	
__ + __	7 + 6	__ + __
	__ + __	

7 + 6 = ______

	__ + __	
__ + __	4 + 9	__ + __
	__ + __	

______

	__ + __	
__ + __	8 + 9	__ + __
	__ + __	

______

	__ + __	
__ + __	8 + 3	__ + __
	__ + __	

______

	__ + __	
__ + __	9 + 7	__ + __
	__ + __	

______

	__ + __	
__ + __	__ + __	__ + __
	__ + __	

______

3 Welche Nachbaraufgabe hilft dir? Schreibe auf und rechne.

6 + 9 = ____	9 + 8 = ____	6 + 7 = ____	9 + 5 = ____
6 + 10 = ______	______	______	______
5 + 9 = ____	8 + 7 = ____	7 + 8 = ____	3 + 9 = ____
______	______	______	______

1 Nachbaraufgaben kennenlernen. **2** Nachbaraufgaben auf der 1+1 Tafel finden und notieren. Aufgabe mithilfe einer Nachbaraufgabe lösen und notieren. Genutzte Nachbaraufgabe einkreisen. **3** Geeignete Nachbaraufgabe auswählen und notieren. Aufgabe lösen.

Plus: Vorteilhaft rechnen mit mehreren Zahlen

1

2 Rechne geschickt.

5 + 5 + 3 =

3 Rechne geschickt.

6 + 4 + 3
7 + 5 + 5
1 + 8 + 2
5 + 6 + 5

11 13 14 16 17

7 + 0 + 7
1 + 5 + 9
3 + 9 + 7
8 + 1 + 8

14 15 16 17 19

6 + 3 + 6
2 + 9 + 8
3 + 7 + 6
6 + 6 + 1

13 14 15 16 19

9 + 1 + 7
6 + 8 + 4
4 + 2 + 8
1 + 9 + 9

14 15 17 18 19

4

5

2 + 5 + 5 + 7
6 + 3 + 4 + 1
3 + 0 + 9 + 7
7 + 4 + 7 + 2

14 18 19 19 20

9 + 1 + 9 + 1
5 + 6 + 2 + 5
1 + 3 + 7 + 7
4 + 2 + 3 + 8

17 18 18 19 20

1 Mit 3 Würfeln würfeln. Vorteilhafte Rechenwege notieren. **2, 3** Mögliche Rechenvorteile beim Rechnen mit 3 Summanden nutzen. **4** Mit 4 Würfeln würfeln. Vorteilhafte Rechenwege notieren. **5** Mögliche Rechenvorteile nutzen.

AH 64

1

2

13 – 3 = 10	11 – 1 = ___	13 – 3 = ___	11 – ___ = 10
15 – ___ = 10	16 – 6 = ___	16 – ___ = 10	15 – 5 = ___
18 – ___ = 10	17 – 7 = ___	18 – 8 = ___	17 – ___ = 10
12 – ___ = 10	14 – 4 = ___	14 – ___ = 10	12 – 2 = ___

3

14 – 4 – 5	17 – 7 – 2	16 – 6 – 9	15 – 5 – 4
14 – 4 – 1	17 – 7 – 6	16 – 6 – 7	15 – 5 – 8
14 – 4 – 7	17 – 7 – 4	16 – 6 – 5	15 – 5 – 2
14 – 4 – 3	17 – 7 – 9	16 – 6 – 1	15 – 5 – 6
2 3 5 7 9	1 4 5 6 8	1 3 5 7 9	2 3 4 6 8

4

12 – 1	15 – 3	9 – 5	8 – 6	16 – 3
12 – 2	15 – 4	10 – 5	9 – 6	
12 – 3	15 – 5	11 – 5	10 – 6	9 – 7
12 – 4	15 – 6	12 – 5	11 – 6	

5

9	6	8	7
9 + 0	6 + ___	8 + ___	7 + ___
8 + ___	5 + ___	7 + ___	6 + ___
7 + ___	4 + ___	6 + ___	5 + ___
6 + ___	3 + ___	5 + ___	4 + ___

1–5 Vorbereitende Übungen zum Subtrahieren mit Zehnerübergang. **3** Subtrahieren zur 10 und dann weiter.

1

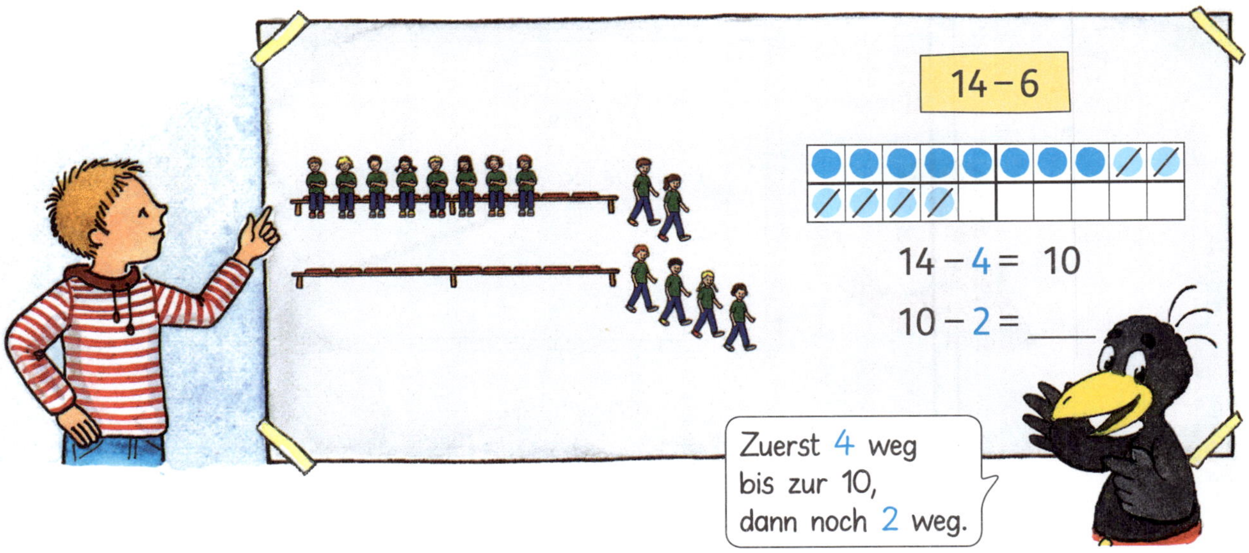

2 Lege, zeichne und rechne.

11 – 5

11 – ___ = 10
___ – ___ = ___

13 – 4

___ – ___ = 10
___ – ___ = ___

12 – 7

___ – ___ = 10
___ – ___ = ___

12 – 4

___ – ___ = ___
___ – ___ = ___

15 – 6

___ – ___ = ___
___ – ___ = ___

16 – 9

___ – ___ = ___
___ – ___ = ___

14 – 5

___ – ___ = ___
___ – ___ = ___

17 – 9

___ – ___ = ___
___ – ___ = ___

12 – 8

___ – ___ = ___
___ – ___ = ___

3 Lege und rechne.

11 – 3 = ___	13 – 7 = ___	11 – 2 = ___	12 – 5 = ___
14 – 8 = ___	16 – 8 = ___	12 – 6 = ___	17 – 8 = ___
13 – 5 = ___	11 – 4 = ___	15 – 8 = ___	13 – 6 = ___
14 – 7 = ___	18 – 9 = ___	14 – 9 = ___	16 – 7 = ___
6 7 8 8 9	5 6 7 8 9	5 6 7 8 9	6 7 7 9 9

1 Zehnerübergang am Bild und Zwanzigerfeld erarbeiten. **2** Aufgaben legen, zeichnen und rechnen. **3** Zehnerübergang üben, gegebenenfalls Zwanzigerfeld nutzen.

1 Rechenkonferenz

2 Wie rechnest du? Erkläre deinem Partner.

12 − 6

____ − ____ = ____
____ − ____ = ____

13 − 5

____ − ____ = ____
____ − ____ = ____

17 − 9

____ − ____ = ____
____ − ____ = ____

11 − 6

____ − ____ = ____
____ − ____ = ____

13 − 7

____ − ____ = ____
____ − ____ = ____

12 − 8

____ − ____ = ____
____ − ____ = ____

15 − 8

____ − ____ = ____
____ − ____ = ____

11 − 5

____ − ____ = ____
____ − ____ = ____

16 − 9

____ − ____ = ____
____ − ____ = ____

3

12 − 4 = ____	15 − 7 = ____	14 − 8 = ____	17 − 8 = ____
15 − 6 = ____	16 − 8 = ____	12 − 7 = ____	15 − 9 = ____
13 − 6 = ____	12 − 5 = ____	18 − 9 = ____	11 − 9 = ____
12 − 9 = ____	14 − 9 = ____	11 − 8 = ____	13 − 8 = ____
3 5 7 8 9	5 6 7 8 8	3 5 6 8 9	2 5 6 9 9

1 Im Rahmen einer Rechenkonferenz verschiedene Strategien kennenlernen, besprechen und vergleichen. **2** Strategien nutzen. **3** Bei Bedarf Aufgaben im Zwanzigerfeld legen.

Minusaufgaben üben

1 Kontrolliere mit der Umkehraufgabe.

12 − 4 = 8	16 − 9 = ___	14 − 5 = ___	15 − 6 = ___
8 + 4 = ______	______	______	______
18 − 8 = ___	13 − 6 = ___	10 − 2 = ___	11 − 8 = ___
______	______	______	______
10 − 9 = ___	11 − 7 = ___	12 − 8 = ___	17 − 7 = ___
______	______	______	______

2 Finde Rechenfehler.

12 − 6 = 6 ☐ ✓	14 − 9 = 5 ☐	13 − 5 = 7 ☐
13 − 4 = ~~10~~ ☐ 9	12 − 5 = 7 ☐	15 − 8 = 7 ☐
14 − 5 = 9 ☐	10 − 1 = 9 ☐	11 − 4 = 6 ☐
17 − 9 = 7 ☐	11 − 6 = 4 ☐	14 − 8 = 6 ☐
16 − 7 = 9 ☐	13 − 9 = 4 ☐	12 − 7 = 4 ☐

15 − 9 = 6 ☐	13 − 8 = 5 ☐	11 − 9 = 2 ☐	14 − 7 = 7 ☐
12 − 4 = 8 ☐	11 − 2 = 9 ☐	14 − 6 = 8 ☐	17 − 8 = 8 ☐
11 − 3 = 5 ☐	15 − 7 = 8 ☐	13 − 7 = 6 ☐	10 − 4 = 6 ☐
18 − 9 = 8 ☐	12 − 3 = 8 ☐	10 − 3 = 6 ☐	11 − 5 = 6 ☐
16 − 8 = 9 ☐	16 − 9 = 7 ☐	12 − 8 = 4 ☐	12 − 9 = 2 ☐

3

8	3	5
10	5	7
12	6	8
14	9	9

8

☐ − ☐ = ☐

7	4	2
11	5	4
13	7	6
15	9	8

9

☐ − ☐ = ☐

1 Umkehraufgaben als Kontrollmöglichkeit anwenden. **2** Ergebnisse kontrollieren. Richtigkeit der Ergebnisse bestätigen oder richtige Ergebnisse notieren. **3** Möglichst viele Subtraktionsaufgaben mit den vorgegebenen Zahlen finden und notieren.

1

2 Rechne geschickt.

12 – 5 – 2 = ____ 12 – 2 – 5	14 – 7 – 4 = ____	18 – 7 – 8 = ____
12 – 5 – 6 = ____	16 – 6 – 9 = ____	18 – 3 – 9 = ____
11 – 8 – 1 = ____	16 – 2 – 8 = ____	14 – 7 – 7 = ____

3

13 – 6 – 3	19 – 2 – 9	18 – 9 – 8	13 – 8 – 3
16 – 3 – 8	12 – 3 – 6	11 – 7 – 1	17 – 2 – 5
15 – 3 – 5	17 – 7 – 9	16 – 6 – 4	12 – 6 – 2
14 – 5 – 7	16 – 8 – 6	15 – 8 – 5	14 – 4 – 4
11 – 4 – 1	13 – 4 – 3	14 – 2 – 7	15 – 5 – 9
2 3 4 5 6 7	1 2 3 6 7 8	1 2 3 5 5 6	1 2 4 6 9 10

4 Rechne. Was fällt dir auf?

15 – 4 – 1 – 7	18 – 3 – 5 – 9	20 – 2 – 6 – 8
15 – 1 – 7 – 4	18 – 5 – 9 – 3	20 – 6 – 8 – 2
15 – 7 – 4 – 1	18 – 9 – 3 – 5	20 – 8 – 2 – 6
15 – 4 – 7 – 1	18 – 3 – 9 – 5	20 – 2 – 8 – 6
15 – 1 – 4 – 7	18 – 5 – 3 – 9	20 – 6 – 2 – 8

1–3 Mögliche Rechenvorteile beim Lösen von Aufgaben mit 2 Subtrahenden nutzen. **4** Aufgaben mit 3 Subtrahenden lösen und Rechenvorteile nutzen. Erkennen, dass bei Aufgaben mit gleichen Zahlen eine veränderte Reihenfolge der Subtrahenden zum gleichen Ergebnis führt.

1

6	3	15
8	5	17
10	7	19
14	9	

mindestens 8

☐ + ☐ = ☐

11	4	7
16	6	8
20	8	10
	10	12

mindestens 6

☐ − ☐ = ☐

2 Finde Rechenfehler.

8 + 6 = 14 ✓	7 + 9 = 16 ☐	16 − 8 = 9 ☐	11 − 2 = 9 ☐
6 + 5 = ~~12~~ 11	5 + 8 = 13 ☐	14 − 6 = 8 ☐	15 − 8 = 8 ☐
4 + 7 = 11 ☐	9 + 6 = 14 ☐	12 − 4 = 8 ☐	10 − 1 = 9 ☐
9 + 3 = 13 ☐	10 + 7 = 17 ☐	13 − 5 = 9 ☐	14 − 5 = 9 ☐

8 + 3 = 5 ☐	11 − 9 = 2 ☐	2 + 9 = 12 ☐	16 − 9 = 7 ☐
13 − 6 = 19 ☐	14 − 4 = 10 ☐	17 − 8 = 9 ☐	7 + 5 = 2 ☐
10 − 3 = 7 ☐	6 + 6 = 12 ☐	9 + 4 = 13 ☐	12 − 8 = 4 ☐
5 + 9 = 14 ☐	7 + 8 = 14 ☐	15 − 6 = 8 ☐	4 + 6 = 10 ☐

3

oben	unten links	unten rechts
13	8	5
	6	7
	9	2
	4	8
	9	5
	0	7
12	3	
14	8	
11	5	
10	2	
13	9	
15	7	
19		9
11		8
16		7
12		9
18		9
17		7
	11	12
	12	12
	12	13
22		20
26		21
28		25

1 Möglichst viele Additions- und Subtraktionsaufgaben mit den vorgegebenen Zahlen finden und notieren. **2** Ergebnisse kontrollieren. Richtigkeit der Ergebnisse bestätigen oder richtige Ergebnisse notieren.

1 4 Fragen kannst du beantworten. Kreuze sie an und antworte.

- [x] Welches Geschenk ist teurer?
  Der B...
- [ ] Wie alt ist Ronja?
- [ ] Wie viel muss Ronja bezahlen?
- [ ] Wie viel Geld hat Ronja in den Händen?
- [ ] Wie viel Taschengeld bekommt Ronja?
- [ ] Hat Ronja genug Geld?

Welche Fragen stellst du?

2 Welche Fragen kannst du beantworten? Kreuze sie an und antworte.

Beim Kindergeburtstag

- [ ] Wie alt wird Franka?
- [ ] Welches Geschenk ist schöner?
- [ ] Wann hat ihre Mutter Geburtstag?
- [ ] Wie alt ist Franka in 8 Jahren?
- [ ] Für wie viele Kinder muss gedeckt sein?
- [ ] Wie schmeckt Himbeertorte?

Bei welchen Fragen sind verschiedene Antworten möglich? Male die Kreise an.

1, 2 Entscheiden, welche Fragen beantwortet werden können und welche aufgrund fehlender Informationen nicht. Mathematische und nichtmathematische Fragen unterscheiden.

Gleichungen

1

9 + ____ = 14

14 − ____ = 8

2

8 + 4 = 12	4 + ____ = 11	13 − ____ = 9	11 − ____ = 2
6 + ____ = 12	9 + ____ = 17	13 − ____ = 5	15 − ____ = 8
3 + ____ = 12	5 + ____ = 14	13 − ____ = 7	12 − ____ = 3
7 + ____ = 12	2 + ____ = 10	13 − ____ = 4	16 − ____ = 7
5 + ____ = 12	8 + ____ = 15	13 − ____ = 8	17 − ____ = 9
~~4~~ 5 6 7 8 9	6 7 7 8 8 9	4 5 6 7 8 9	7 7 8 9 9 9

3

____ + 6 = 11
11 − 6 = ____

____ − 3 = 9
9 + 3 = ____

____ + 3 = 10	____ + 2 = 15	____ − 4 = 6	____ − 4 = 11
10 − 3 ____	____	6 + 4 ____	____
____ + 7 = 14	____ + 6 = 13	____ − 8 = 8	____ − 9 = 6
____	____	____	____
____ + 5 = 12	____ + 8 = 16	____ − 5 = 9	____ − 7 = 3
____	____	____	____

1 Gleichungen erarbeiten. **2** Ergänzungsaufgaben im erweiterten Zahlenraum lösen. **3** Zur Lösung der Gleichungen jeweils die Umkehraufgabe nutzen und notieren.

AH 72 166

1

8 + 3 < 12 | 8 + 6 ○ 12 | 13 − 2 ○ 9 | 13 − 5 ○ 9

2

9 + 2 < 13	7 + 4 ○ 12	14 − 4 > 8	16 − 4 ○ 11
9 + 3 ○ 13	9 + 3 ○ 14	14 − 5 ○ 8	17 − 8 ○ 9
9 + 4 ○ 13	5 + 8 ○ 13	14 − 6 ○ 8	15 − 6 ○ 10
9 + 5 ○ 13	9 + 6 ○ 18	14 − 7 ○ 8	13 − 7 ○ 8
9 + 6 ○ 13	8 + 9 ○ 16	14 − 8 ○ 8	20 − 9 ○ 12

3

3 + 7 < 5 + 6
10 < 11

4

7 − 3 > 6 − 5
4 > 1

5

14 + 1 < 17	13 − 6 ○ 10 − 3	5 + 2 ○ 7 + 0
14 + 2 ○ 17	14 − 6 ○ 10 − 4	5 − 2 ○ 7 − 0
14 + 3 ○ 17	15 − 6 ○ 10 − 5	5 + 3 ○ 7 + 1
14 + 4 ○ 17	16 − 6 ○ 10 − 6	5 − 3 ○ 7 − 1

1, 2 Rechensätze mit Zahlen vergleichen. **3, 4** Die Kinder ziehen jeweils 2 Zahlenkarten, bilden Additions- bzw. Subtraktionsaufgaben und vergleichen ihre Ergebnisse.

1

80
81

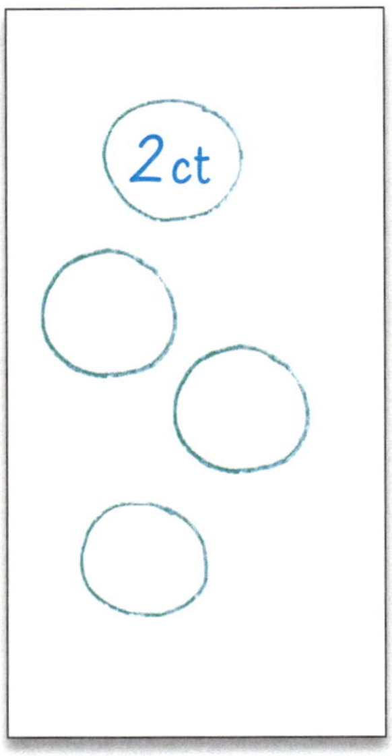

7 ct

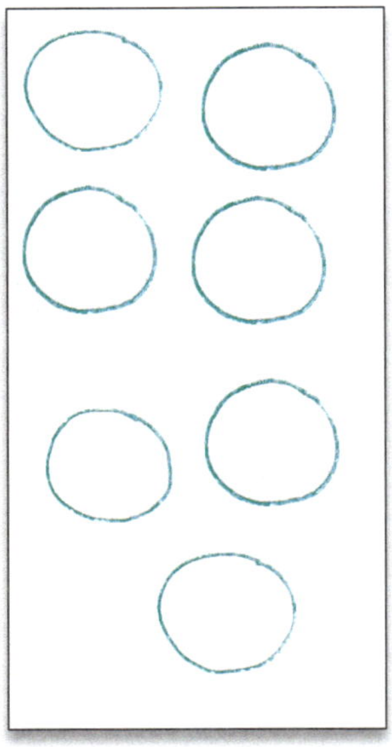

11 ct

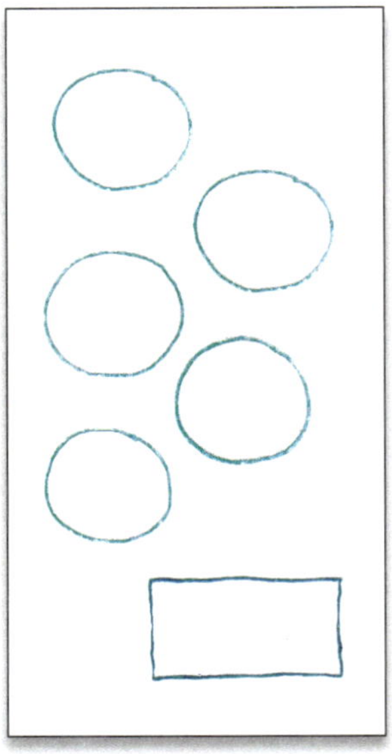

17 €

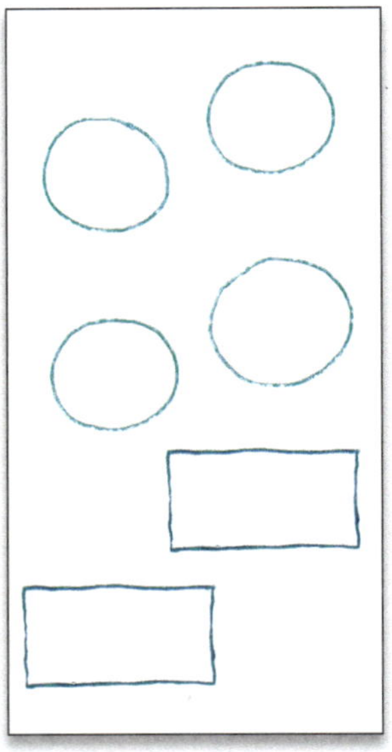

20 €

2

85
86

8 + 4 = ____
5 + 7 = ____
3 + 8 = ____
6 + 6 = ____
7 + 9 = ____

11 12 12 12 15 16

4 + 7 = ____
6 + 8 = ____
3 + 9 = ____
8 + 5 = ____
9 + 6 = ____

11 11 12 13 14 15

2 + 9 = ____
4 + 8 = ____
6 + 7 = ____
7 + 4 = ____
8 + 3 = ____

11 11 11 12 12 13

9 + 9 = ____
8 + 6 = ____
7 + 7 = ____
5 + 9 = ____
6 + 5 = ____

11 13 14 14 14 18

3

92
93

16 − 8 = ____
14 − 7 = ____
13 − 6 = ____
12 − 4 = ____
15 − 9 = ____

6 6 7 7 8 8

11 − 5 = ____
12 − 6 = ____
17 − 8 = ____
13 − 9 = ____
15 − 7 = ____

4 6 6 7 8 9

18 − 9 = ____
12 − 7 = ____
14 − 5 = ____
16 − 7 = ____
11 − 4 = ____

5 7 8 9 9 9

16 − 9 = ____
13 − 5 = ____
15 − 6 = ____
17 − 9 = ____
14 − 8 = ____

6 7 7 8 8 9

4 Rechne geschickt.

90
95

2 + 4 + 6
5 + 9 + 5
3 + 8 + 8
7 + 7 + 3

12 17 18 19 19

5 + 8 + 5 + 1
4 + 7 + 3 + 2
9 + 5 + 0 + 1
7 + 2 + 3 + 8

15 16 18 19 20

12 − 8 − 2
14 − 3 − 7
18 − 8 − 9
16 − 8 − 6

1 2 2 3 4

19 − 4 − 9 − 3
17 − 6 − 2 − 7
18 − 5 − 9 − 1
14 − 0 − 4 − 7

2 3 3 3 5

1 Beträge mit der angegebenen Anzahl an Münzen oder Scheinen legen und notieren. **4** Rechenvorteile beim Rechnen mit mehreren Summanden oder Subtrahenden nutzen.

1 Lege nach und zähle.

57

◺ 2 ▭ ___   ◺ ___ ▭ ___ □ ___   ◺ ___ ▭ ___ □ ___

2 Ergänze die Steckbriefe.

67

Steckbrief 1	Steckbrief 2	Steckbrief 3
___	15	___
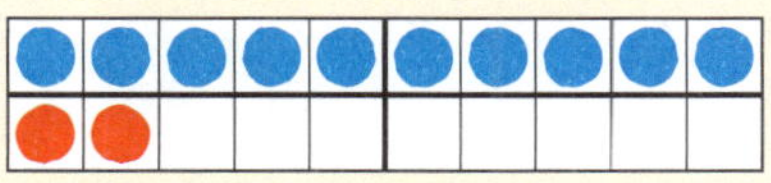	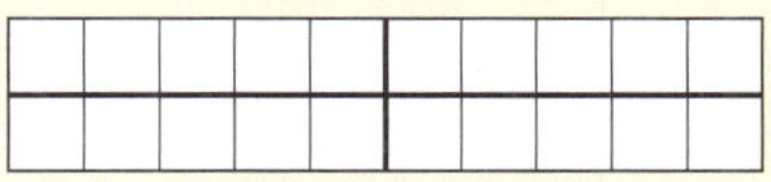	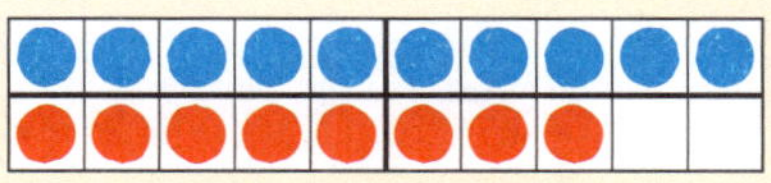
Z: 1, E: 2	Z: ___, E: ___	Z: ___, E: ___
___ + ___	10 + 5	___ + ___
zwölf		

3

74

+	3	5	0
5	8		
1			
4			

+	4	6	1
12			
14			
11			

+	5	6	
3	8		
10			14
13			

−	6	1	7
8	2		
9			
7			

−	3	8	5
19			
18			
20			

−			6
6		3	
10	9		
16			

Figuren legen

1 Lege unterschiedlich aus. Zähle.
Schreibe auf.

□	1
△	
△	
gesamt	

□	
△	
△	
gesamt	

□	
△	
△	
gesamt	

□	
△	
△	
gesamt	

2 Lege nach und zähle. Schreibe auf. Vergleiche.

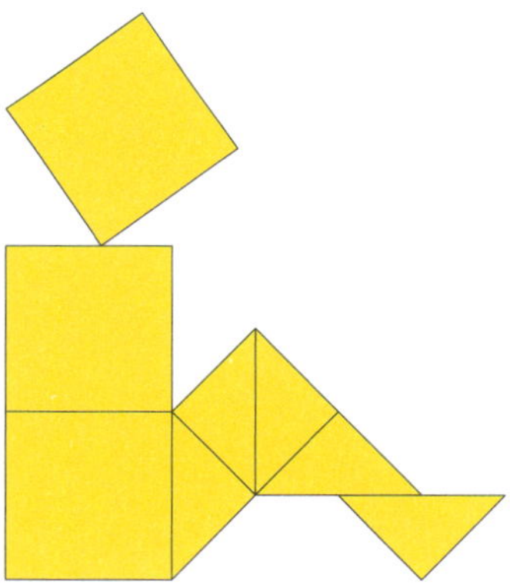

□	3
△	
△	
gesamt	

□	
△	
△	
gesamt	

Finde noch andere Möglichkeiten.

□	
△	
△	
gesamt	

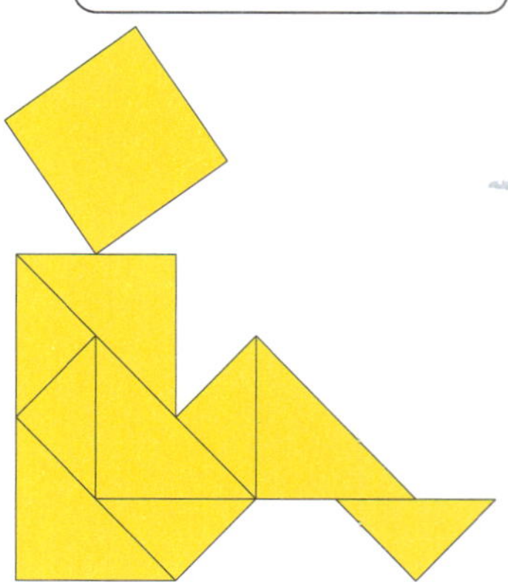

□	
△	
△	
gesamt	

1 Große Figur mit Geo-Plättchen unterschiedlich auslegen. Jeweilige Anzahl der verwendeten Formen bestimmen und in der Tabelle notieren. **2** Figuren (unterschiedlich) nachlegen, verwendete Formen bestimmen und notieren. Über Tauschregeln beim Finden weiterer Möglichkeiten sprechen.

AH 75 KV 71 – 77

1 Lege und beschreibe.

2 Lege. Immer 8 Quadrate.

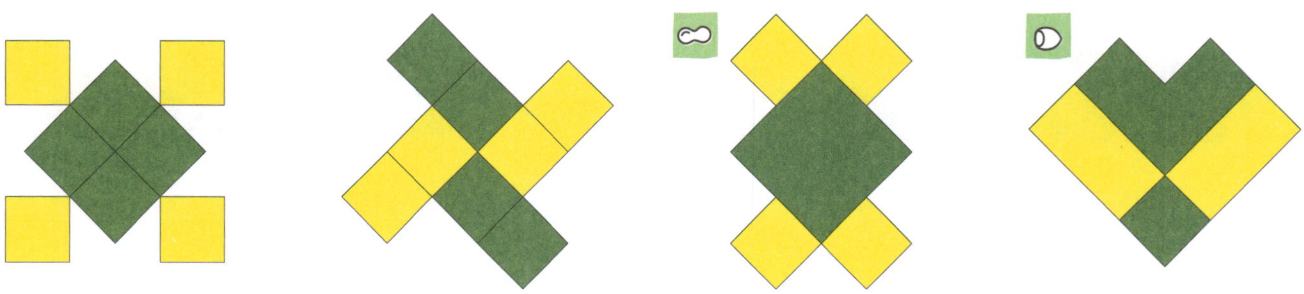

Lege. Immer 8 Dreiecke.

Lege. Immer 4 Dreiecke und 4 Quadrate.

1 Figuren (z. B. Tiere) mit Geo-Plättchen nachlegen und verwendete Formen benennen. **2** Mit der angegebenen Anzahl von Formen Figuren nachlegen und evtl. weitere eigene Figuren erfinden.

Muster legen

1

2 Lege Muster. Wie geht es weiter?

3 Welche Dreiecke werden umgelegt? Beschreibe und markiere.

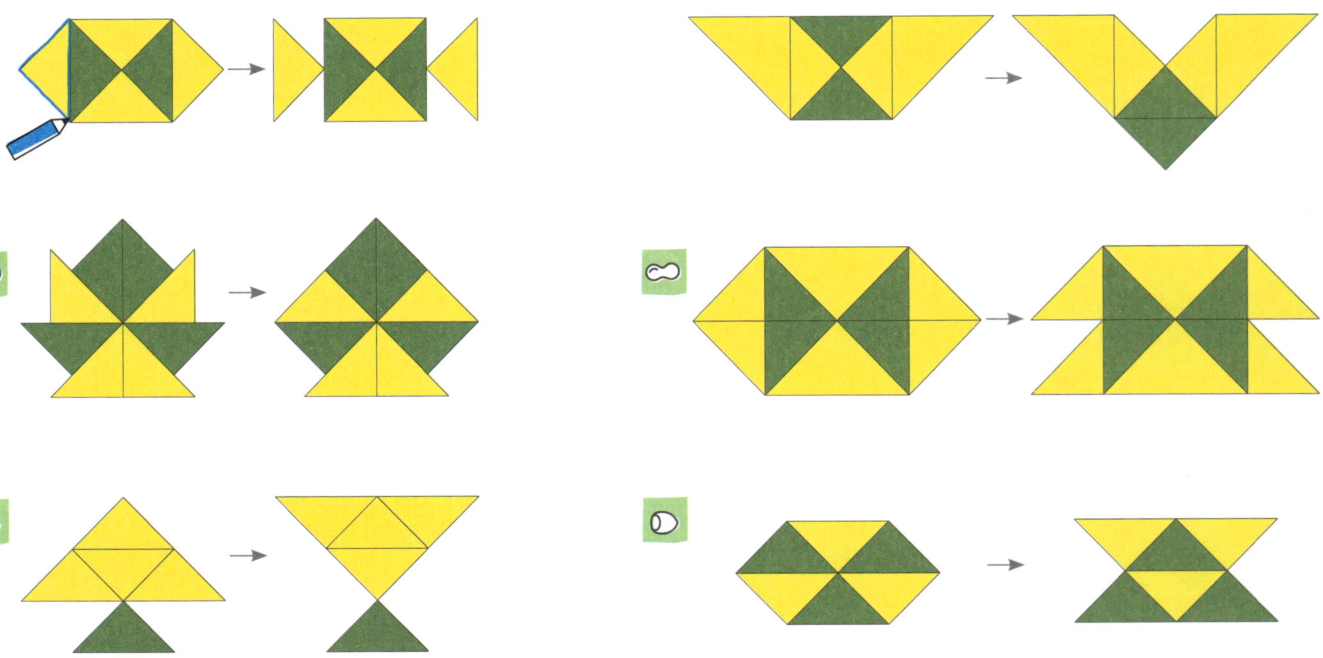

1, 2 Mit Geo-Plättchen abgebildete Muster legen, fortsetzen und zugrundeliegende Legeregel beschreiben. **3** Mit Geo-Plättchen jeweils das 1. Muster legen und durch Umlegen von Plättchen das 2. Muster erreichen. Umgelegte Formen farbig nachspuren.

360

1

2 Spanne und zeichne die Figuren.

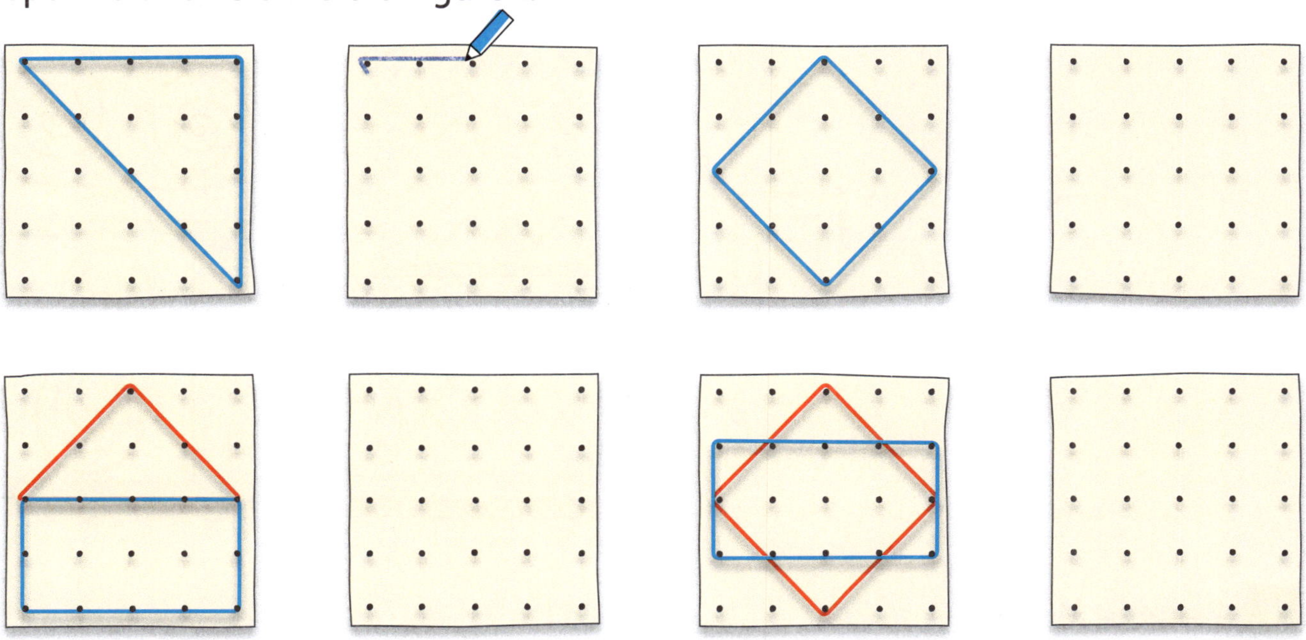

3 Auf dem Geobrett sind Formen gespannt. Zähle und notiere.

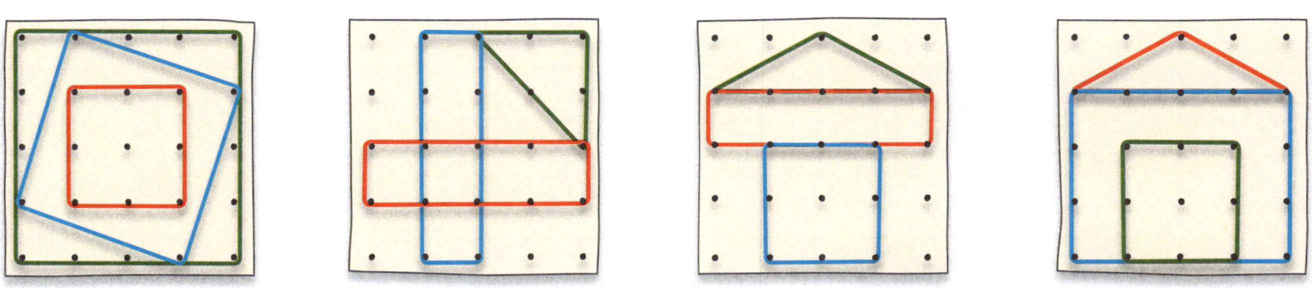

△	0
□	3
▭	0

△	
□	
▭	

△	
□	
▭	

△	
□	
▭	

1 Figuren auf dem Geobrett nachspannen und beschreiben. **2** Figuren auf dem Geobrett nachspannen und anschließend in das leere Geobrett-Raster einzeichnen. **3** Figuren spannen, geometrische Formen erkennen und Anzahl jeweils in der Tabelle notieren.

AH 76 **KV** 87–89 21–22

Muster zeichnen

1

2 Zeichne Muster.

3 Zeichne Muster.

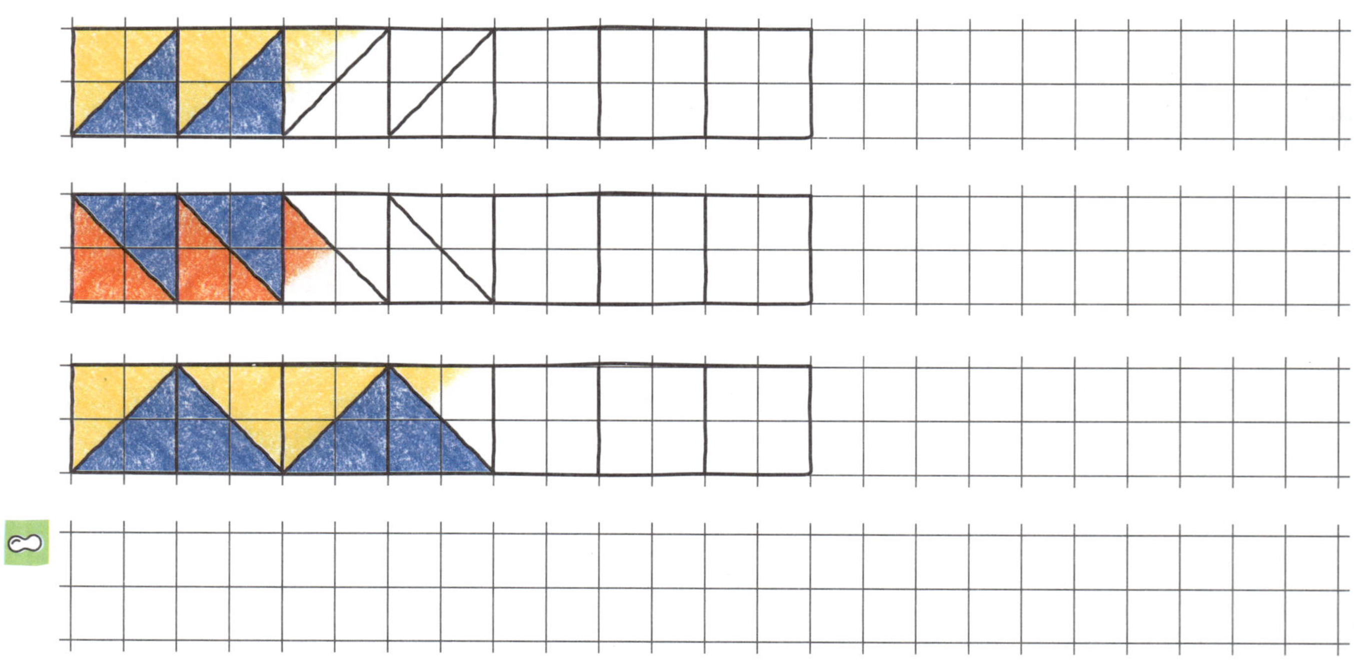

1 Muster freihändig/im Kästchengitter zeichnen/fortsetzen (evtl. auch beidhändig). Dazu Malblock/Flipchartbögen nutzen. **2, 3** Angefangene Muster fortsetzen und färben, weitere eigene Muster auf dem Malblock oder auf Kästchenpapier zeichnen.

AH 77 **KV** 90 360–366

1

2 Nutze dein Lineal und finde alle Geraden. Bezeichne sie.

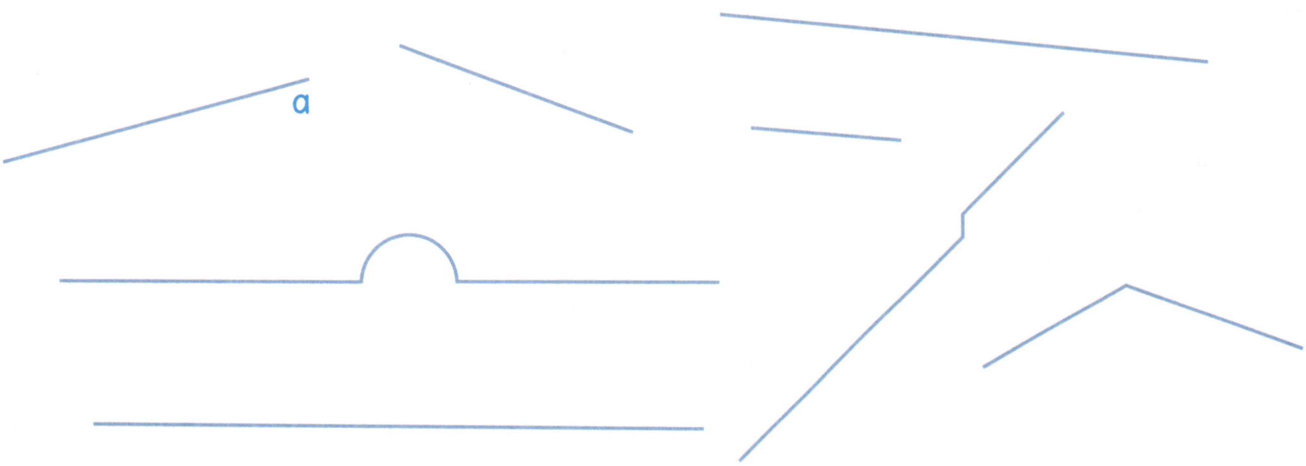

3

Zeichne wie Fatima und Anton.

Zeichne 3 Geraden so, dass 1 Schnittpunkt entsteht.

Zeichne 3 Geraden so, dass 2 Schnittpunkte entstehen.

Zeichne 3 Geraden so, dass 3 Schnittpunkte entstehen.

1 Paul vergleicht die Länge seiner Stifte. Wie macht er das?

2 Vergleiche diese Dinge aus deiner Federmappe.

Entscheide: ist länger als | ist kürzer als | ist genauso lang wie

ist kürzer als

___

___

___

___

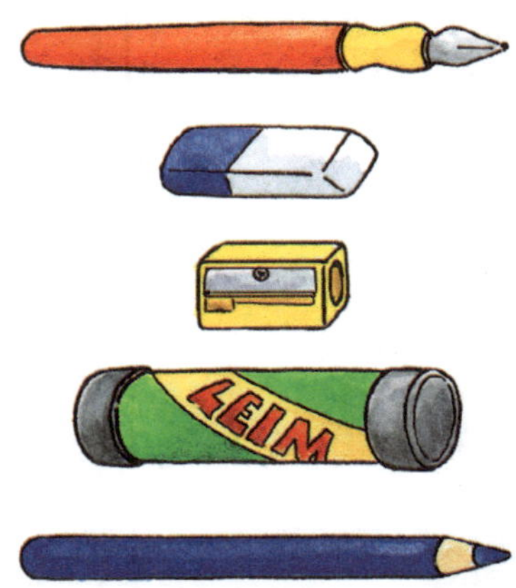

3 Vergleicht Längen.

1 Längen vergleichen. Die Vergleichsergebnisse unter Verwendung von „ist länger als ...", „ist kürzer als ..." und „sind gleich lang" formulieren.
2 Dinge nach ihrer Länge vergleichen.

1

Zentimeter ❗

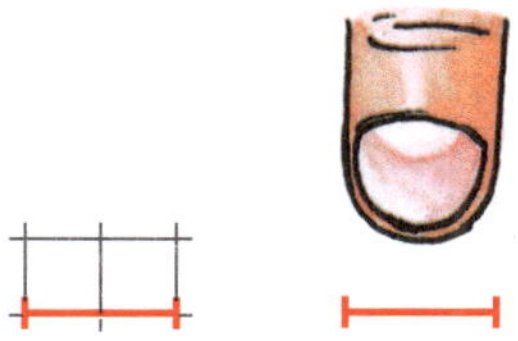

1 cm ungefähr 1 cm

2 Zeige an deinem Lineal folgende Längen:

10 cm | 9 cm | 3 cm
6 cm | 2 cm | 13 cm

3 Suche Dinge, die etwa so lang sind:

1 cm | 3 cm | 5 cm
10 cm | 15 cm | 20 cm

4 Wie lang sind die Strecken?

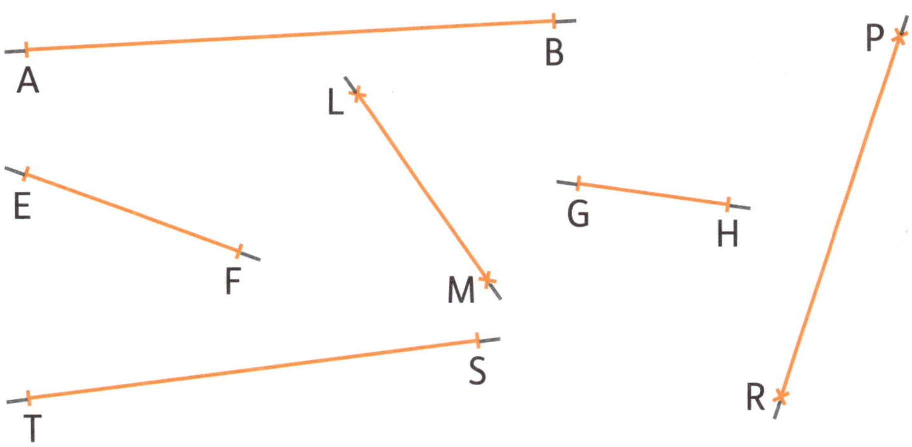

Strecke	Länge
$\overline{AB}$	cm
$\overline{EF}$	

5 Max hat Buchstaben gezeichnet.
Wie lang sind jeweils alle Teilstrecken zusammen?

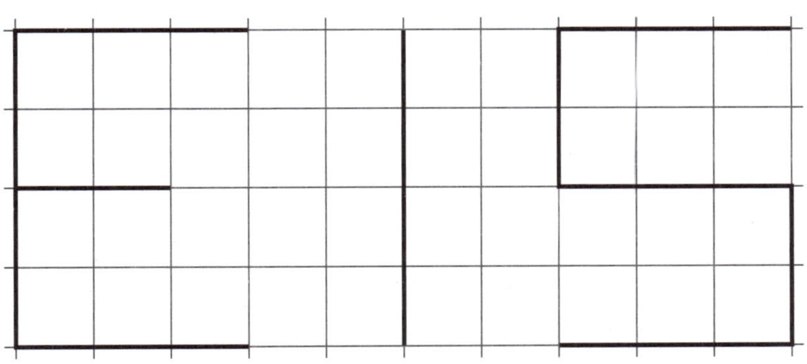

____ cm ____ cm ____ cm

Erfinde auch Wörter.

1

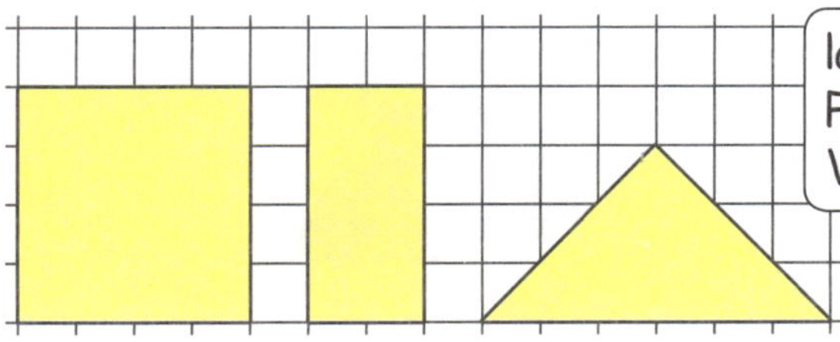

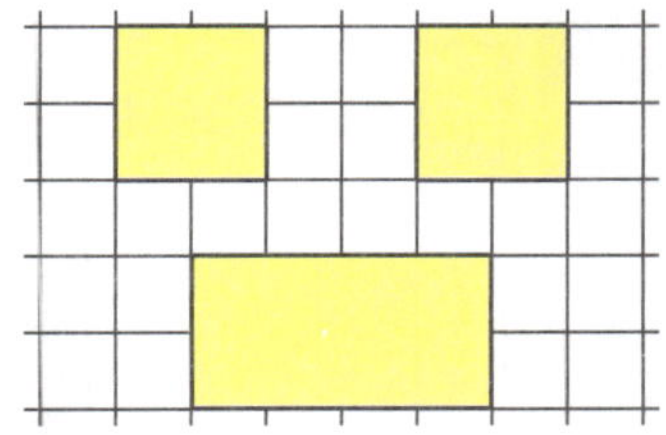

Qu______________

2

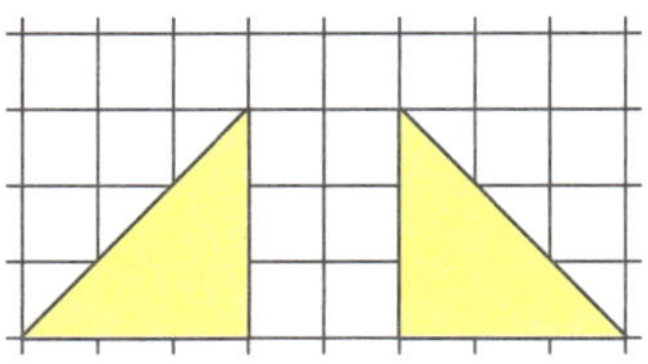

Dreieck______________

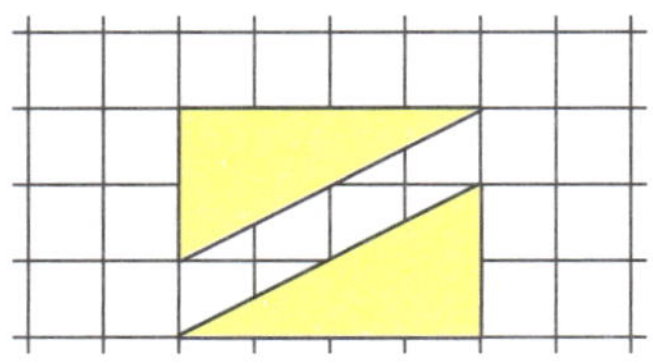

____

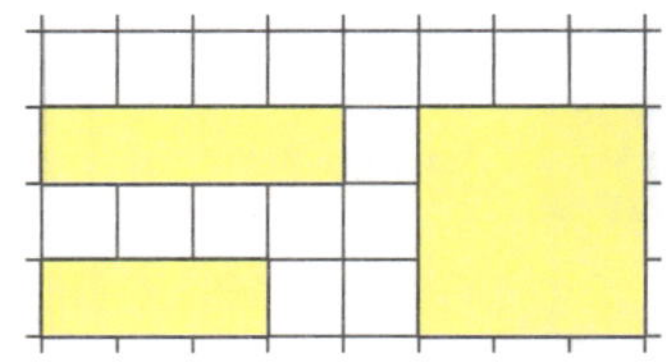

____

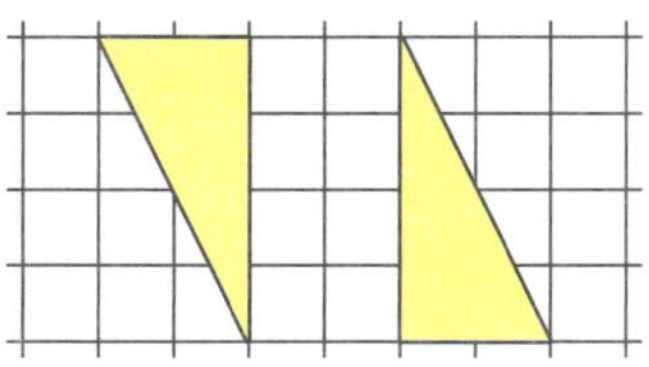

____

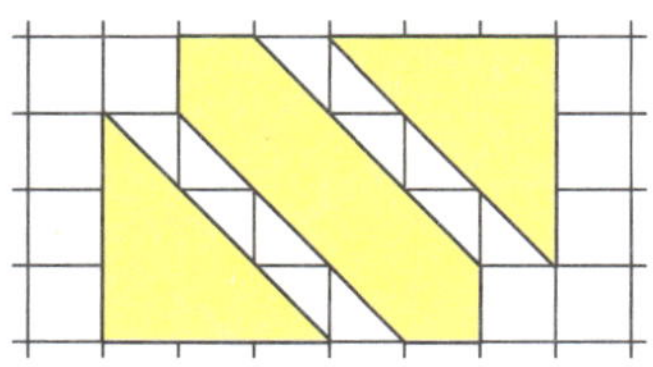

____

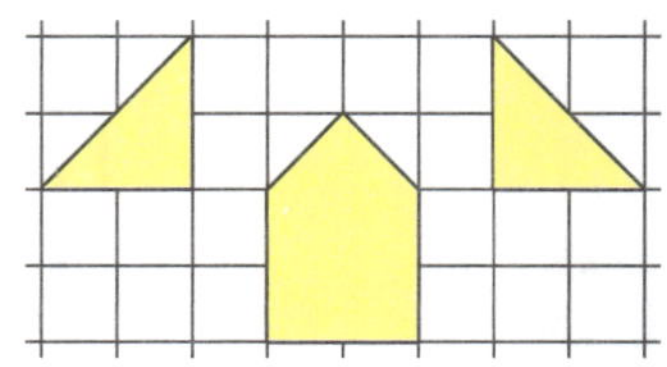

____

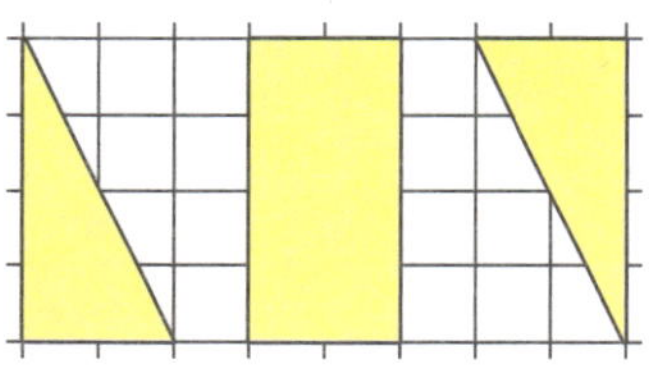

____

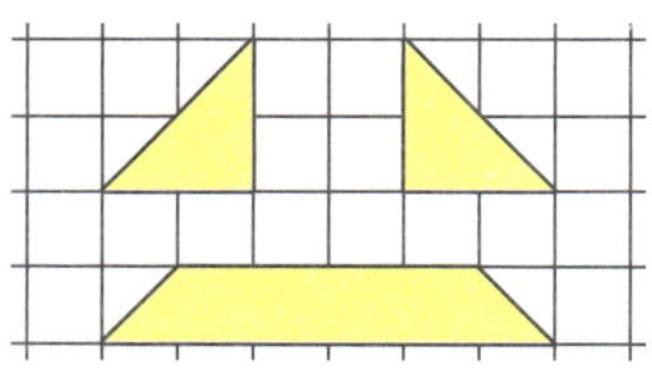

____

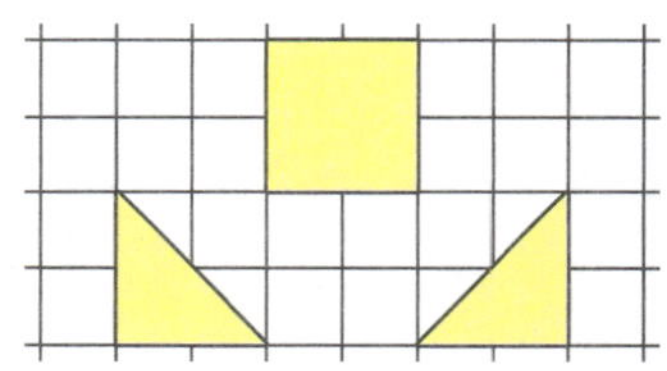

____

3

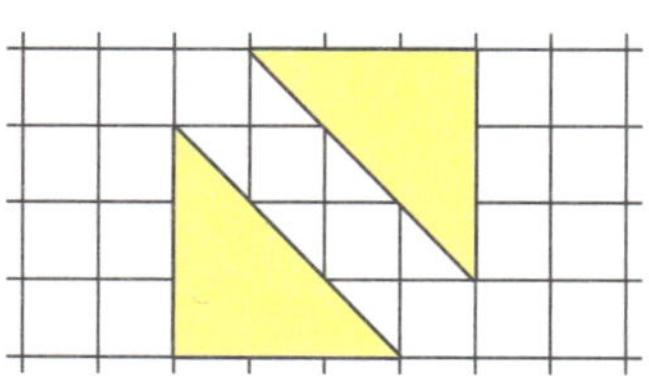

____

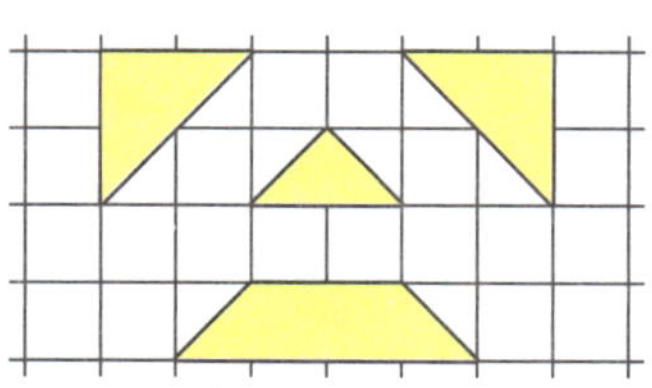

____

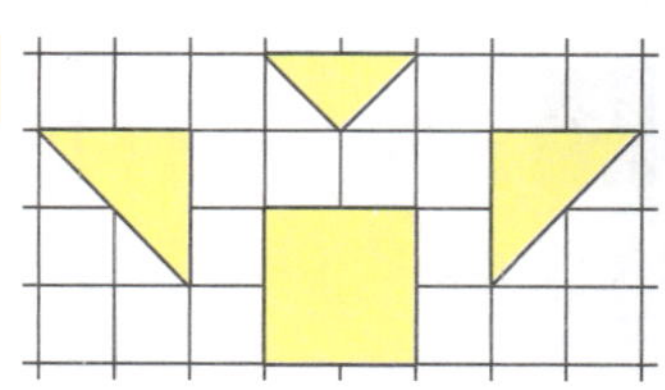

____

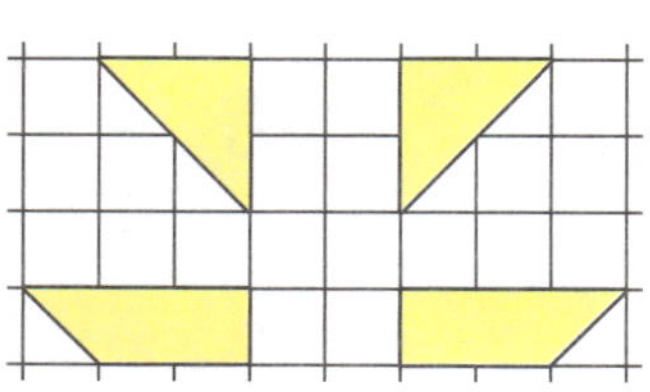

____

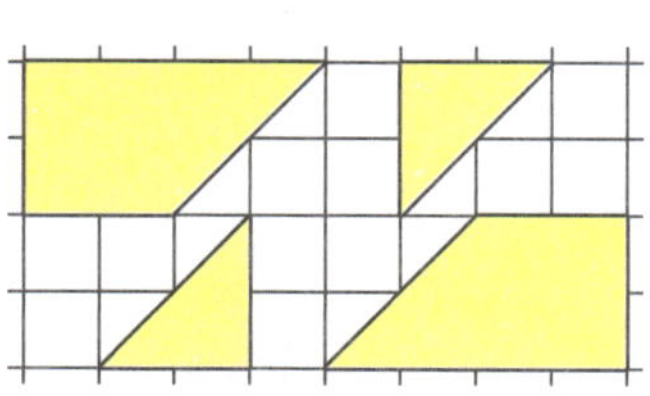

____

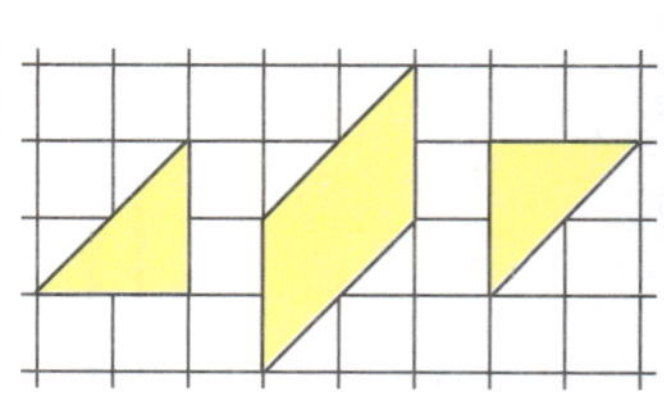

____

1–3 3 Figuren (Quadrat, Rechteck, Dreieck) wurden auf mehrere Arten zerschnitten. Die Kinder fügen die Puzzleteile jeweils in der Vorstellung zur Ausgangsfigur zusammen und notieren den entsprechenden Begriff.

AH 80 **KV** 92–94

1 Welches Kind sieht was? Male in der richtigen Farbe an.

2

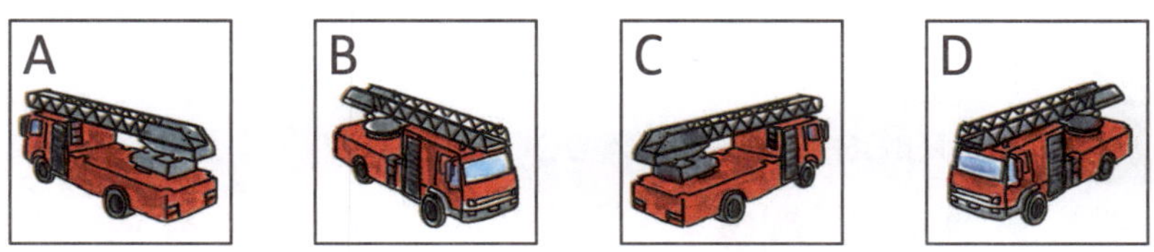

3

1

2 + 3 = ____
3 + 2 = ____
5 − 3 = ____
5 − 2 = ____

2

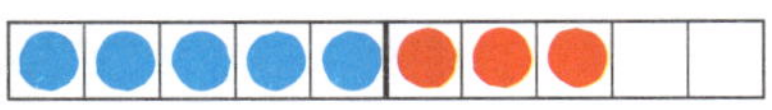

5 + 3 = ____
3 + ____ = ____
8 − 3 = ____
8 − ____ = ____

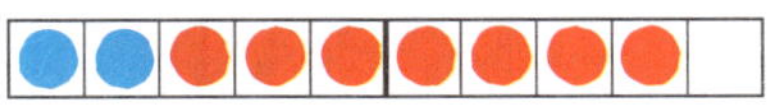

2 + 7 = ____
____ + ____ = ____
9 − 7 = ____
____ − ____ = ____

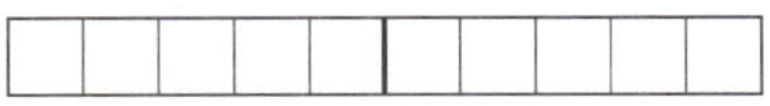

6 + 1 = ____
____ + ____ = ____
7 − ____ = ____
____ − ____ = ____

3 Schreibe die Aufgabenfamilien.

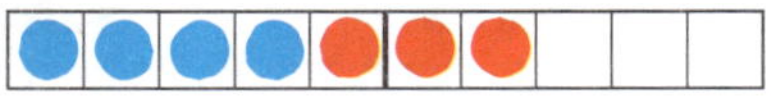

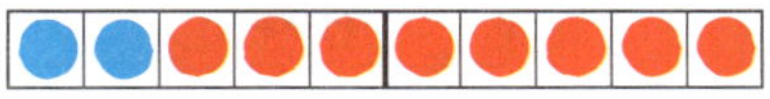

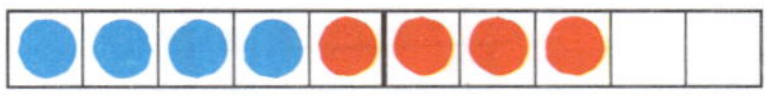

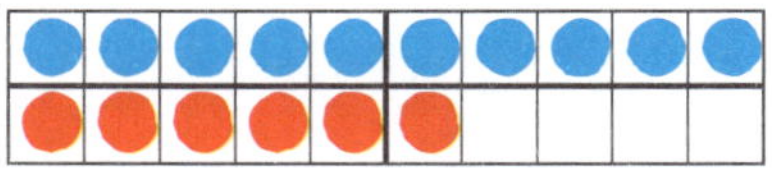

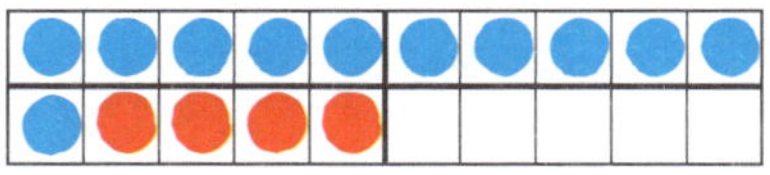

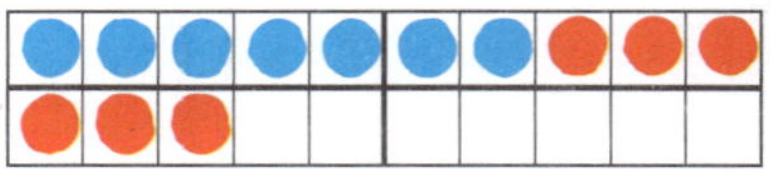

4

8
6 2

6 + 2 = ____
2 + 6 = ____
8 − 2 = ____
8 − 6 = ____

17
12 5

12 + 5 = ____
____ + ____ = ____
17 − 5 = ____
____ − ____ = ____

13
9 4

____ + ____ = ____
____ + ____ = ____
____ − ____ = ____
____ − ____ = ____

Eine Aufgabe reicht aus, um alle Aufgaben einer „Familie“ zu finden.

1

6 + 1 + 8 = ____

7 + 5 + 3 = ____

2 + 9 + 4 = ____

8 + 5 + 2 = ____

6 + 7 + 2 = ____

1 + 5 + 9 = ____

8 + 3 + 4 = ____

6 + 5 + 4 = ____

2 Löse die Zauberquadrate. Jede Zahl darf nur einmal vorkommen.

2	7	6
4		8

Immer **15**.

4		2
8		6

Immer **15**.

	3	4
6		2

Immer **15**.

3		1
	0	

Immer **12**.

7	2	
0		

Immer **12**.

		7
	8	3

Immer **12**.

	10	
9		7

Immer **18**.

		8
	10	3

Immer **18**.

		7
		2
5		

Immer **18**.

1 Zauberquadrate kennenlernen. Die Summe – die sogenannte Zauberzahl – der Zahlen in jeder Zeile, Spalte und Diagonale ist gleich.
2 Zauberquadrate mit den Zauberzahlen 15, 12 und 18 lösen.

Zahlenfolgen

1

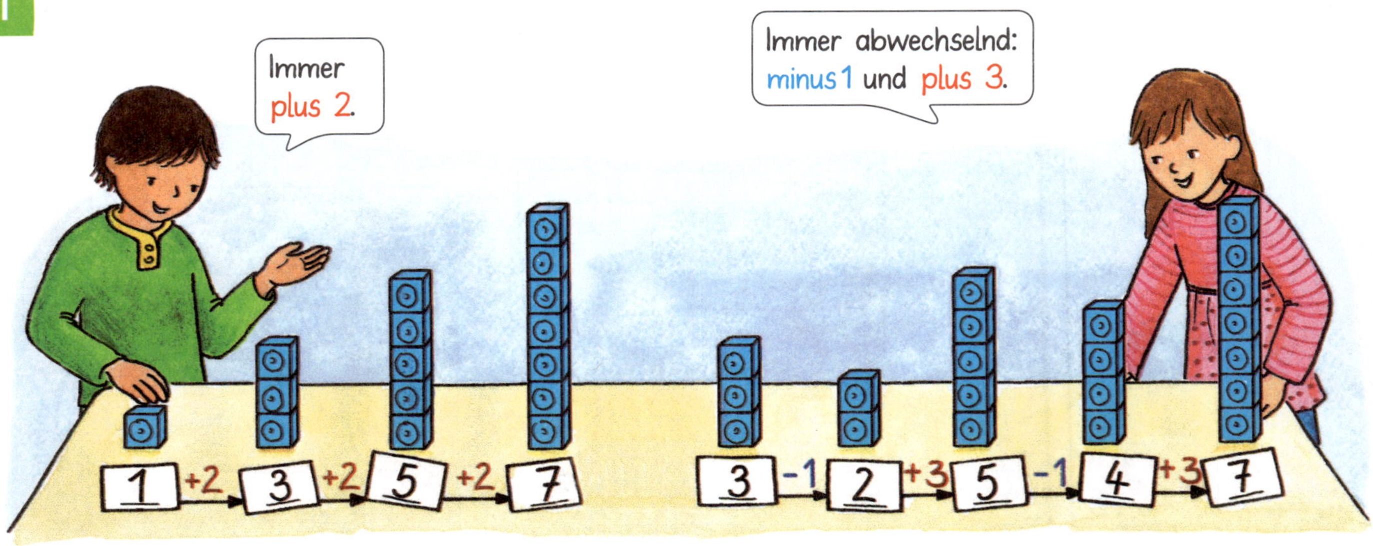

Setze die Zahlenfolgen fort.

1 →(+2)	3 →(+2)	5 →(+2)	→	→	→		
3 →(−1)	2 →(+3)	5 →(−1)	4 →(+3)	→	→		

2

4 →(+2)	6 →(+2)	8 →(+2)	→	→	→	→	
0 →	3 →	6 →	→	→	→	→	
0 →	2 →	5 →	7 →	10 →	→	→	

3

20 →(−3)	17 →(−3)	14 →(−3)	→	→	→	
17 →	15 →	13 →	→	→	→	
15 →	14 →	10 →	9 →	5 →	→	

4

8 →	10 →	9 →	11 →	10 →	→	→	
0 →	6 →	4 →	10 →	8 →	→	→	
14 →	9 →	11 →	6 →	8 →	→	→	

1 Regelmäßigkeiten der Zahlenreihen erkennen und visuell mit Steckwürfeln darstellen. **2–4** Die Zahlenreihen fortsetzen; Operatoren notieren.

AH 84 367–372

1 Trax möchte von seinen 3 Freunden ein Foto machen.
Auf wie viele Arten können sie sich nebeneinander stellen?

2 Welche Möglichkeiten hast du, die Steckwürfel anzuordnen? Färbe.

Du hast:

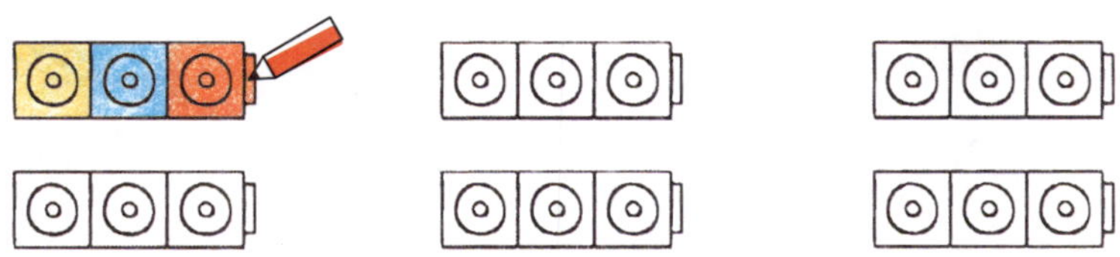

Du hast:

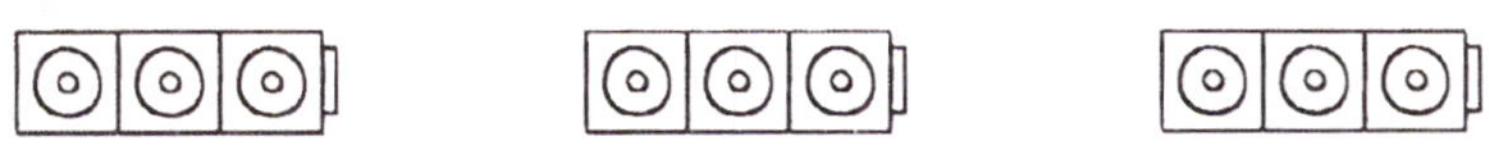

Du hast:

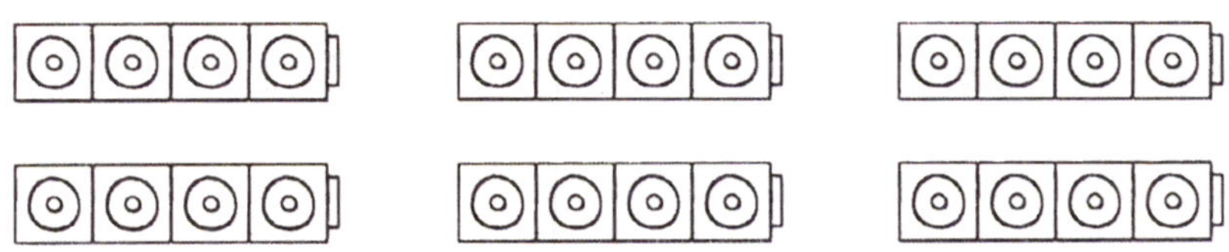

3 Welche Möglichkeiten hast du, die Steckwürfel anzuordnen?

Du hast:

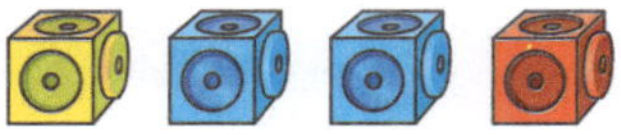

Die blauen Steckwürfel sollen nebeneinander liegen.

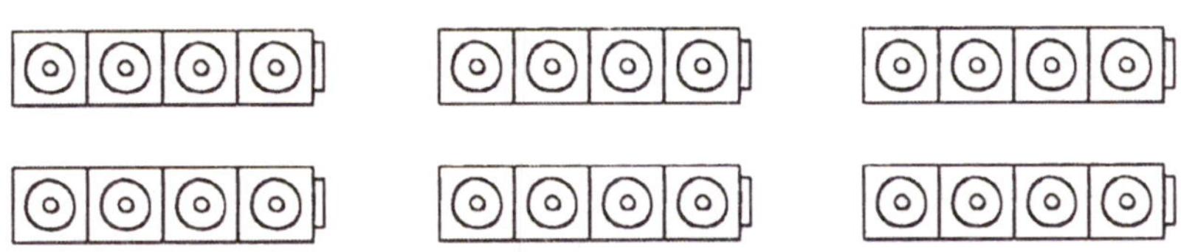

Du hast:

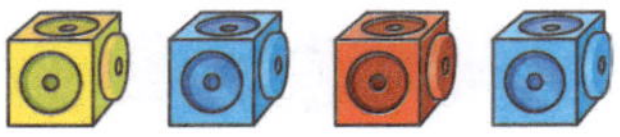

Die blauen Steckwürfel sollen nicht nebeneinander liegen.

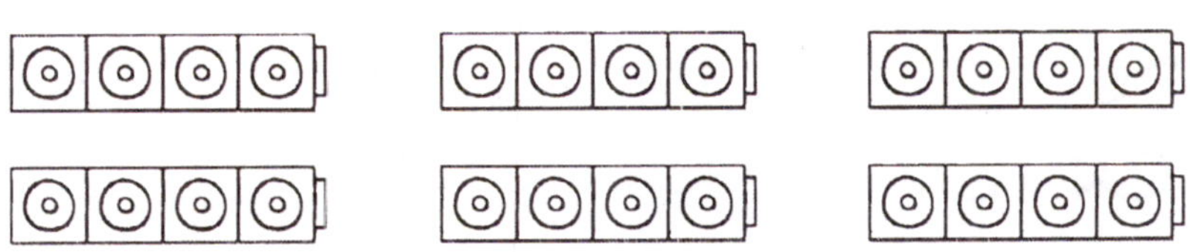

Zufall

1 Trax angelt einmal. Wer hat Recht?

2 Sicher, möglich oder unmöglich?

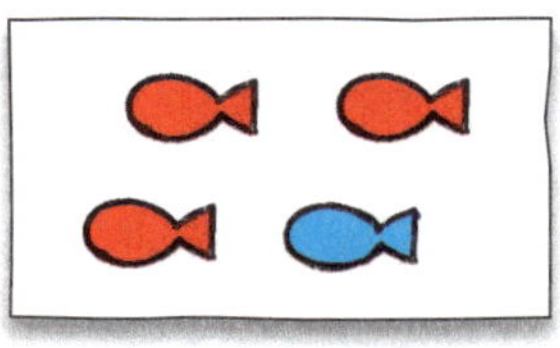

Trax fängt: 

möglich

Trax fängt: 

____

Trax fängt: 

____

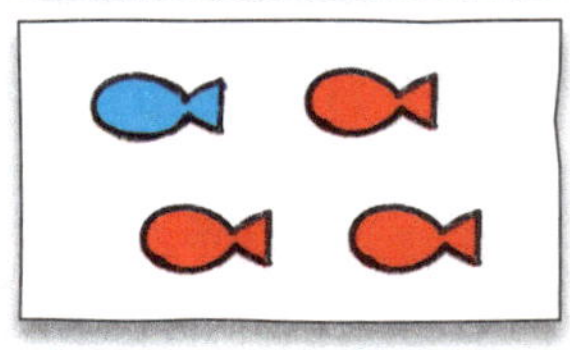

Trax fängt: 

____

3 Färbe die Fische so, dass die Aussagen richtig sind.

Du fängst .

Es ist sicher:

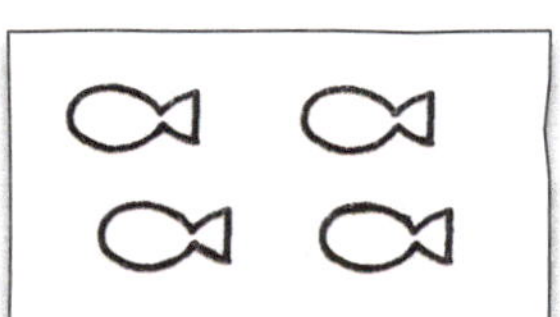

Es ist möglich:

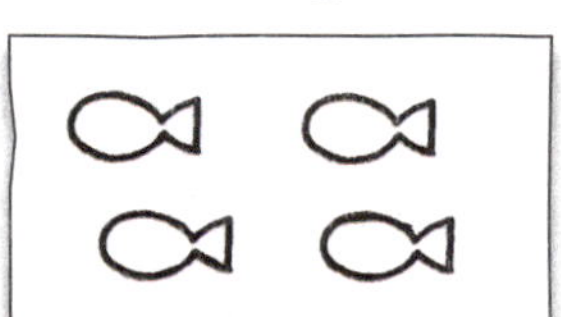
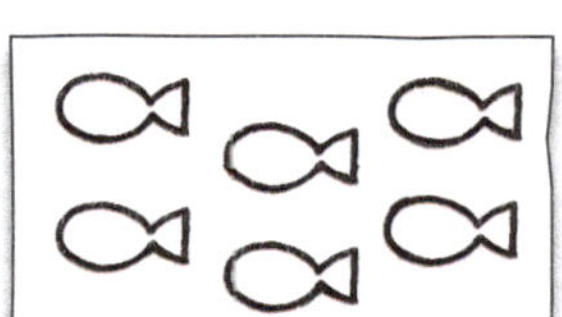

Es ist unmöglich:

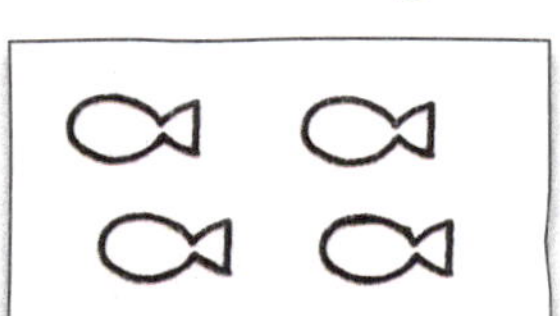
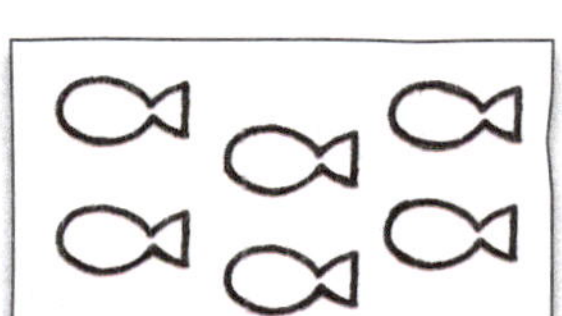

Du fängst .

Es ist sicher:

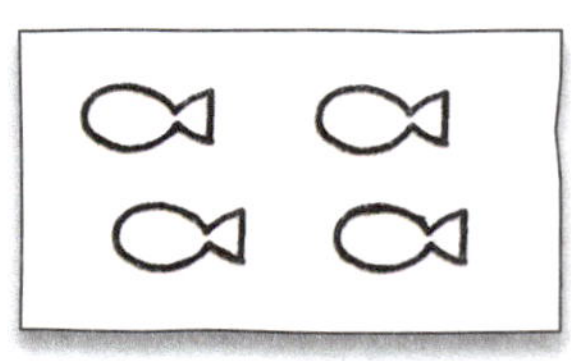

Es ist möglich:

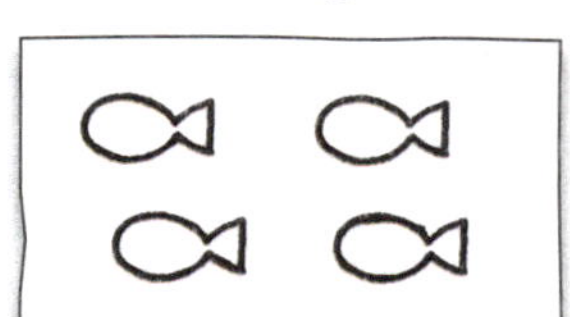
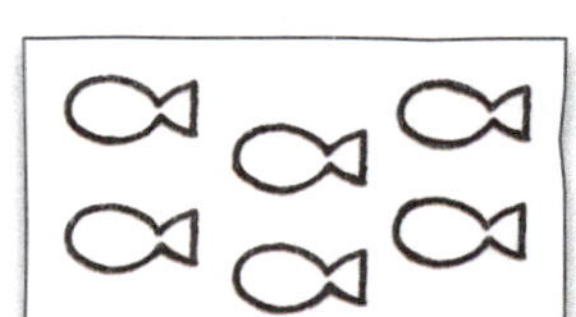

Es ist unmöglich:

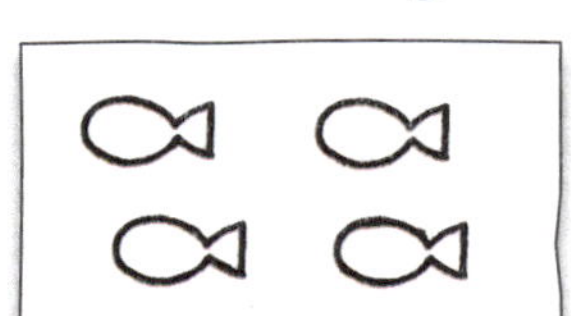
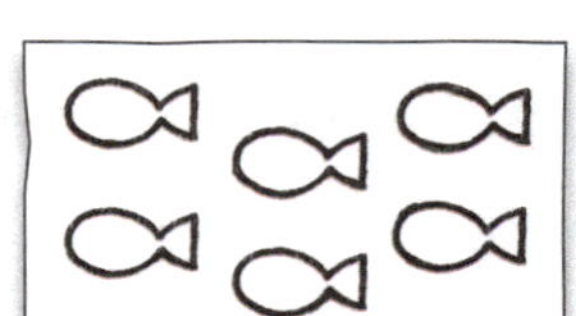

1, 2 Die Kinder unterscheiden und beschreiben sichere, unmögliche und mögliche Ereignisse. Sie verwenden fachgerechte Satzmuster (Es ist sicher, dass …, Es ist möglich, dass …, Es ist unmöglich, dass … etc.). **3** Die Kinder färben die Fische, sodass die beschriebenen Ereignisse sicher, möglich bzw. unmöglich sind.

AH 86 **KV** 99

1 Anton und Paula werfen 20-mal ein Wendeplättchen.

2 Werft 20-mal ein Wendeplättchen. Spielt 4 Runden.

1. Runde: 20 Würfe

2. Runde: 20 Würfe

3. Runde: 20 Würfe

4. Runde: 20 Würfe

Ist das Spiel gerecht? Was meint ihr?

3 Wirf jetzt immer zwei Wendeplättchen.

1. Runde: 20 Würfe

2. Runde: 20 Würfe

3. Runde: 20 Würfe

Was wird besonders häufig geworfen?
Kreuze an und vergleiche mit einem Partner.

☐ blau blau ☐ blau rot ☐ rot rot

Warum ist das so? Begründe.

1, 2 Plättchenspiel spielen und Häufigkeit der Ereignisse notieren. Spielverläufe miteinander vergleichen. **3** Jeweils 2 Plättchen werfen, Häufigkeit der 3 möglichen Ereignisse notieren. Über die Häufigkeitsverteilung sprechen (häufiger als, besonders häufig, selten, weniger häufig als, gleich häufig usw.)

Zum Tagesablauf erzählen, Tätigkeiten den Uhrzeiten zuordnen. Angeben, welche Uhrzeiten (volle Stunden) fehlen. Den eigenen Tagesablauf beschreiben und die Unterschiede erklären.

AH 87 272–273, 275

1 Bastle einen kleinen Stundenzeiger und einen großen Minutenzeiger. Lege die Uhrzeiten.

3 Uhr

8 Uhr

11 Uhr

13 Uhr

17 Uhr

23 Uhr

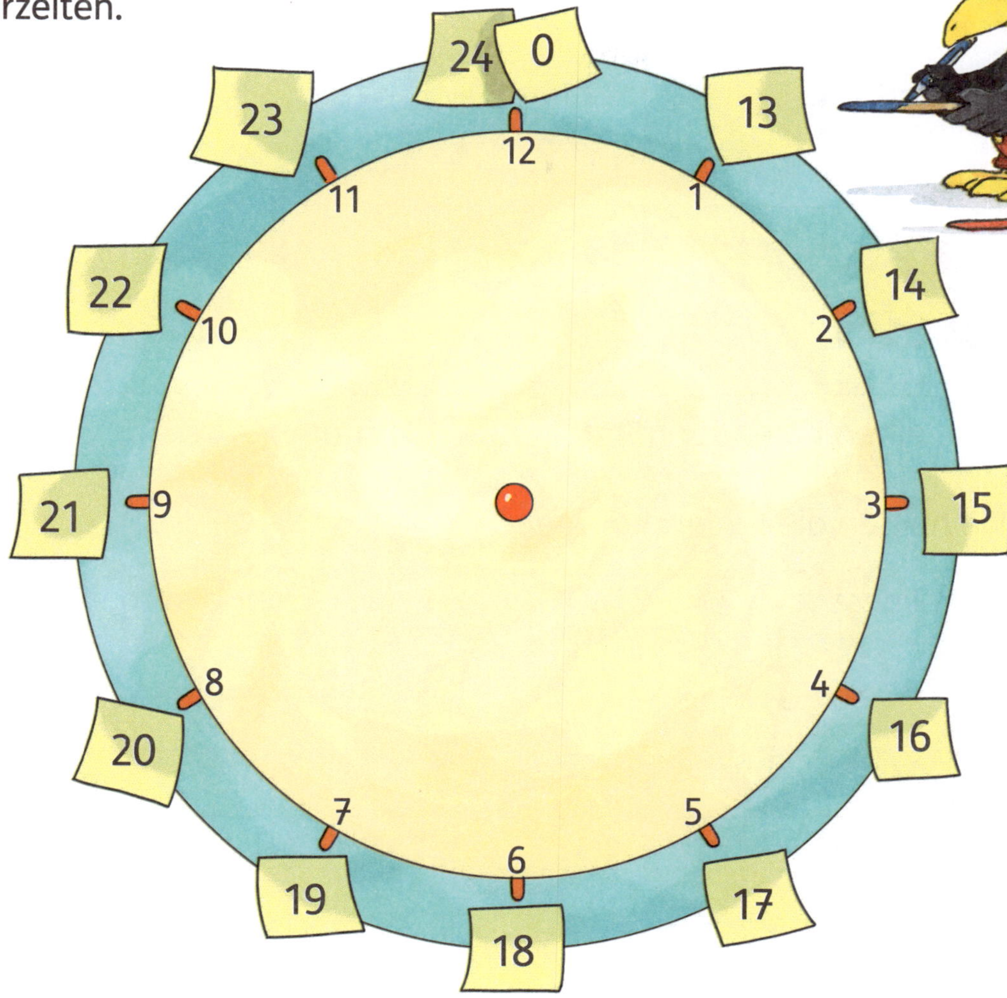

2 Wie spät könnte es sein? Lege zuerst oben, zeichne dann ein.

1 Uhrzeiten (volle Stunden) mit Hölzchen legen oder an der Lernuhr einstellen. **2** Uhrzeiten legen und einzeichnen.

1

Juni 20 ☐ — Ninas Woche

☐ Montag	☐ Dienstag	☐ Mittwoch	☐ Donnerstag	☐ Freitag	☐ Samstag	☐ Sonntag
	Geburtstag von Opa		Arztbesuch		Flohmarkt 	

Stelle einen Kalender mit deinen Aktivitäten her.

2 Wie heißen die fehlenden Tage?

Dienstag	Mittwoch	Donnerstag	☐
☐	Montag	☐	Mittwoch
☐	☐	☐	Dienstag

3 Schau in den Kalender.

	Wochentag	Datum
heute		Juni
morgen		
übermorgen		
gestern		
vorgestern		
Geburtstag		

4 Heute ist __________, der __________ Juni.

In 7 Tagen ist __________, __________.

In 20 Tagen ist __________, __________.

Vor 9 Tagen war __________, __________.

Vor 30 Tagen war __________, __________.

1 Über die angegebenen und eigene Aktivitäten sprechen. Datum für einen Wochentag festlegen, die anderen Daten entsprechend zuordnen. Kalender mit eigenen Aktivitäten herstellen. **2–4** Übungen zu den Wochentagen und zum Datum.

1

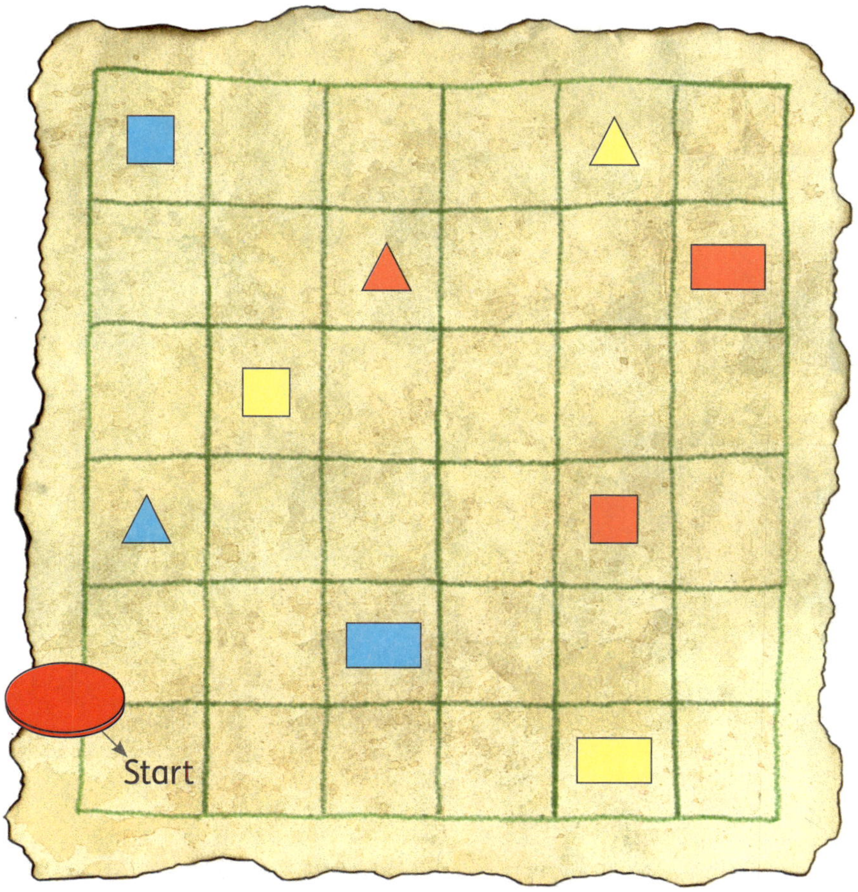

r: nach rechts →
l: nach links ←
o: nach oben ↑
u: nach unten ↓

1r 5o 1l

4o 4r 2u

2r 3o 1l

2

3o 2r 1u 2l

5r 3o 1l 2o

3r 5o 1l 1u

1o 1r 1o 1r 1u

3o 3r 2u 2r 3o

5r 3o 2l 3u 1r

3 Finde und notiere kurze und lange Wege. Beschreibe sie einem Partner.

1 Verschiedene Wege vom Startfeld aus beschreiben. Der Wegbeschreibung auf dem Spielfeld mit einem Wendeplättchen folgen und das Zielsymbol zeichnen. **3** Zu vorgegebenen Zielfeldern kurze/lange Wege notieren. Weitere eigene Wege finden, notieren und beschreiben. Partner nennt Zielsymbol.

KV 102 – 103 24 – 25

1

2

3 Welche Gebäude gehören zu diesen Bauplänen?

Franka

2	1	1	2

Gebäude Nr. ____

Jan

1	1	1	1
1			1

Gebäude Nr. ____

Nico

2	2	2

Gebäude Nr. ____

Nadine

1	3	1

Gebäude Nr. ____

1 Anzahl der Würfel in den Würfelgebäuden bestimmen und eintragen. **2** Bauplanprinzip verstehen, Gebäude 3 im Bild auffinden und mit dem Bauplan vergleichen. **3** Gebäude und Baupläne einander zuordnen.

4 Ergänze die Baupläne.

Emilie

1	2		2	

Gebäude Nr. 7

Tibor

1		4	

Gebäude Nr. ___

Alice

2			2

Gebäude Nr. ___

Pauline

	1

Gebäude Nr. ___

Paul

	1	

Gebäude Nr. ___

Baue selbst Gebäude und zeichne Baupläne.

4 Gebäude und Baupläne einander zuordnen, fehlende Würfelanzahlen in die Baupläne eintragen und Felder färben. Weitere eigene Gebäude bauen und dazu Baupläne auf einem Raster oder als Freihandzeichnung zeichnen.

AH 88 KV 104 39, 327–329

1

2 Wie viele Murmeln haben die Kinder jeweils zusammen?

Murat hat 5 Murmeln.
Lukas hat 3 Murmeln mehr.

M

L

Murat und Lukas haben zusammen ____ Murmeln.

Anne hat 8 Murmeln.
Heike hat 5 Murmeln weniger.

Anne und Heike haben zusammen ____ Murmeln.

Eric hat 3 Murmeln weniger als Benni.
Benni hat 7 Murmeln.

Eric und Benni haben zusammen ____ Murmeln.

3 Wie alt ist jedes Kind?

Jan ist 3 Jahre alt.
Merle ist 1 Jahr älter als Jan. Aaron ist 2 Jahre älter als Merle.

J ○ ○ ○

M

A

Jan ist Jahre.

Merle ist

Luis ist 6 Jahre alt.
Julia ist 3 Jahre jünger als Luis. Dana ist 5 Jahre älter als Julia.

Tom ist 4 Jahre jünger als Maja. Maja ist 3 Jahre älter als Ina.
Ina ist 7 Jahre alt.

Naomi ist doppelt so alt wie Jule. Jule ist doppelt so alt wie David.
Jule ist 4 Jahre alt.

 1 Lösungsskizzen kennenlernen und auf Richtigkeit prüfen. **2, 3** Zu den Aufgaben Lösungsskizzen zeichnen und Aufgaben lösen.

1 Verbinde die Aufgaben mit der passenden Gleichung und löse.

Jannis hat jetzt ____ €.

Lara hat noch ____ Ballons.

Gestern im Bus:

Heute im Bus:

Insgesamt sind ____ Kinder Bus gefahren.

12 − 5 = ____

12 + 5 = ____

Liese hat 12 schmale und 5 breite Freundschaftsbänder.

Insgesamt hat sie ____ Freundschaftsbänder.

Karim stellt fest: Von 12 Ferientagen sind schon 5 vorbei.

Karim hat noch ____ Tage Ferien.

Silas hat 12 Euro im Geldbeutel. Er kauft sich ein Auto für 5 Euro.

Nun hat Silas noch ____ Euro im Geldbeutel.

2 Was gehört zusammen? Färbe ein und löse.

Erlebnisbad	
Tageskarte	12 €
Halbtageskarte	6 €
2 Stunden	3 €
Abendkarte	4 €

Simon hat 20 €. Er will 2 Halbtageskarten kaufen.

Tim hat 20 €. Er möchte Abendkarten kaufen.

Reicht das Geld für 3 Karten?

Wie viel Geld bleibt übrig?

6 € + 6 € = ____ €

20 € − ____ € = ____ €

4 € + 4 € + 4 € = ____ €

____ € < 20 €

1 Bilder, Skizzen und Aufgaben den Gleichungen zuordnen und lösen. **2** Passende Aussagen, Fragen und Gleichungen zuordnen. Antwortsätze bilden.

Rechenmauern

1

2

_
_ _
3 3 2

_
_ _
4 3 2

_
_ _
5 3 2

_
_ _
6 3 2

_
7 3
_ 2 _

_
7 4
_ 2 _

_
7 5
_ 2 _

_
7 6
_ 2 _

10
_ 4
_ _ 2

12
_ 5
_ _ 2

14
8 _
4 _ _

16
9 _
4 _ _

13
13 _
13 _ _

15
_ 15
_ _ 15

17
0 _
_ _ _

19
_ 0
_ _ _

3

_
_ _
3 1 2

_
5 4
_ 1 _

11
_ 5
_ _ 4

13
_ 6
_ _ 5

15
8 _
7 _ _

17
9 _
8 _ _

_
_ _
_ _ _

1 Vorgehensweise bei Rechenmauern mit 3 Stockwerken besprechen. **2** Rechenmauern lösen. **3** Struktur erkennen und fortführen.

AH 91 **KV** 105–106

1

2 Setze zu Rechenmauern zusammen.

7	6	4
3	13	2

7	9	6
4	2	15

9	11	2
17	4	6

14	3	9
2	5	6

7	17	2
8	1	9

11	6	4
20	5	9

3 Setze zu Rechenmauern zusammen. Ein Stein bleibt übrig.

- 9, 3, 1, 6, 7, 4, 16
- 10, 3, 8, 5, 18, 7, 12
- 7, 9, 5, 2, 11, 20, 13

4 Setze zu Rechenmauern zusammen. Ein Stein fehlt.

- 3, 7, 16, 9, 6
- 4, 18, 8, 6, 10
- 5, 20, 1, 6, 14

1 Die beiden Strategien – die Mauer von unten nach oben oder von oben nach unten aufbauen – erarbeiten. **1–4** Mit Zahlenkarten arbeiten.

Mit Zahlen knobeln

1 Welches Zeichen steht für welche Zahl?

2

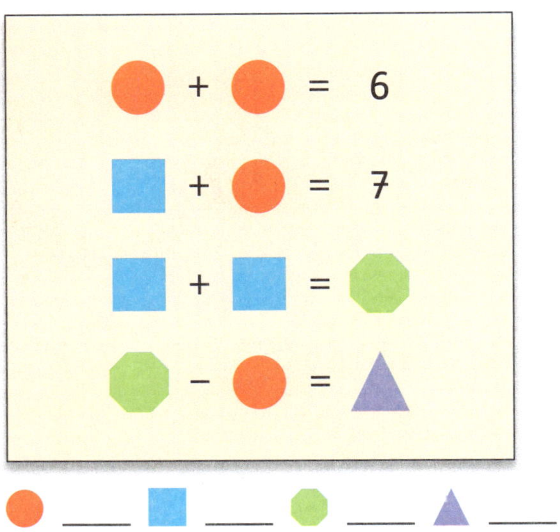

3

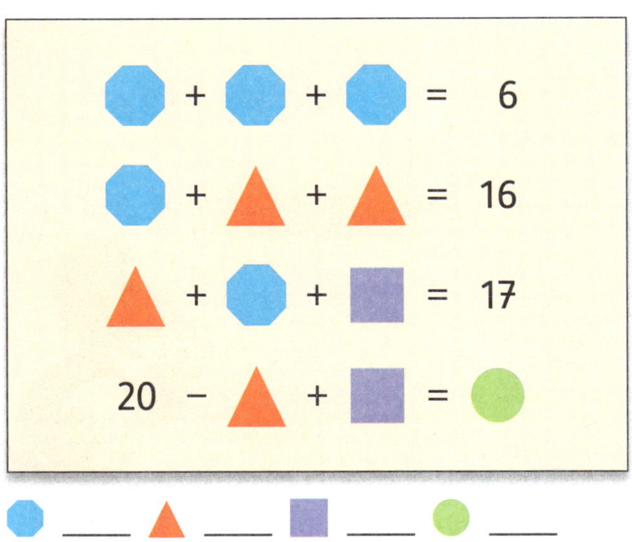

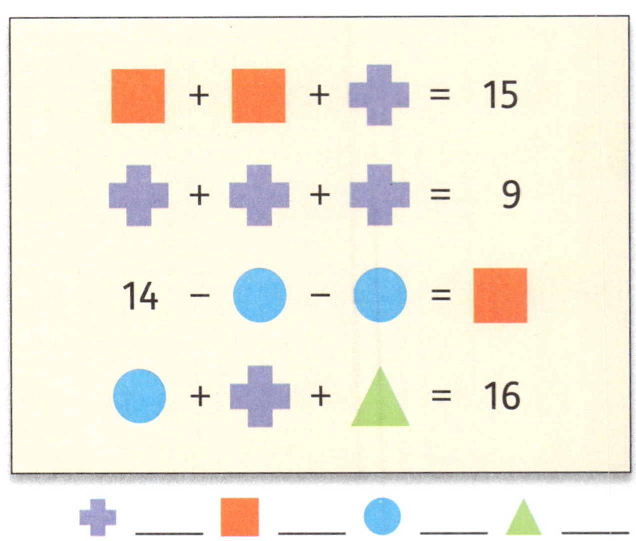

1–3 Zahlbeziehungen erkennen und zum Lösen der Symbolrätsel nutzen. Jede Form/Farbe steht dabei für eine Zahl. Die Lösungen auf die dafür vorgesehenen Linien eintragen. Die Kinder können die Zahlen als zusätzliche Hilfe auch direkt in die Formen notieren.

AH 92 **KV** 107

1 Welchem Kind gehört welche Jacke?

☐ 

Meine Jacke ist dreifarbig.

Meine Jacke hängt am Rand.

 ☐

☐ 

Meine Jacke hängt neben der blauen.

Ich habe keine rote Jacke.

 ☐

2 Wer ist wer?

________ ________ ________ ________ ________ ________

1. Ken und Eva tragen eine Brille.
2. Eva steht zwischen Ron und Tom.
3. Ira hat einen Hut auf.
4. Nina und Ron haben die Hände frei.

3 Jedes Kind hat ein anderes Haustier.

Wer hat welches Haustier?

wahr: + falsch: –

1. Ken liebt seine kleine Katze.
2. Ron hat Fische oder ein Pferd.
3. Tom hat eine Katze oder eine Maus.
4. Ein Mädchen hat ein Pferd.
5. Eva hat einen Hund.

	Katze	Hund	Pferd	Maus	Fische
Eva	–				
Ron	–				
Ira	–				
Ken	+	–	–	–	–
Tom	–				

1–3 Aussagen zu den Aufgaben aufmerksam lesen, für die Lösung jeweils relevante Informationen entnehmen. Dabei Aussagen auch zueinander in Beziehung setzen, um die jeweils gesuchten Zuordnungen (z. B. Name des Kindes – Jacke) zu finden und zu notieren.

1

2

0 | 10 | ___ | ___ | ___ | 50 | ___ | ___ | ___ | ___ | 100

20 | 30 | 40   ___ | 50 | ___   ___ | 80 | ___

60 | ___ | ___   10 | ___ | ___   70 | ___ | ___

___ | ___ | 20 | ___   ___ | ___ | ___ | ___ | 90

___ | 40 | ___ | ___   ___ | ___ | 80 | ___ | ___

3

10 < 20	100 ○ 90	60 ○ 50	30 ○ 13	24 ○ 40
20 ○ 10	90 ○ 100	40 ○ 70	18 ○ 80	30 ○ 23
50 ○ 40	30 ○ 30	90 ○ 30	6 ○ 60	19 ○ 90
40 ○ 50	80 ○ 70	10 ○ 10	40 ○ 16	25 ○ 50
60 ○ 60	70 ○ 80	50 ○ 20	70 ○ 7	22 ○ 22
30 ○ 20	90 ○ 60	80 ○ 40	15 ○ 50	70 ○ 27

1 Die Zehnerzahlen schreiben und mit den Zehnerfeldern zeichnerisch veranschaulichen. **2** Die Reihenfolge der Zehnerzahlen festigen. **3** Zahlen vergleichen und die Zeichen <, > und = anwenden.

1

2

50 + 20 = ___	30 − 20 = ___	20 + ___ = 40	50 − ___ = 10
70 + 10 = ___	70 − 50 = ___	10 + ___ = 70	100 − ___ = 40
30 + 60 = ___	40 − 40 = ___	30 + ___ = 90	80 − ___ = 30
40 + 50 = ___	80 − 60 = ___	60 + ___ = 60	100 − ___ = 50
10 + 80 = ___	90 − 80 = ___	70 + ___ = 80	40 − ___ = 0

3

40	10	70
50	20	80
60	30	90
70	50	

mindestens 9

60	20	10
70	30	20
80	50	40
	60	50

mindestens 8

☐ + ☐ = ☐ ☐ − ☐ = ☐

4

☐	☐	☐	☐
☐ ☐	☐ ☐	40 ☐	☐ 50
10 20 30	20 30 10	10 ☐ 20	20 ☐ 30

100	100	100	100
☐ ☐	☐ ☐	☐ ☐	☐ ☐
☐ ☐ ☐	☐ ☐ ☐	☐ ☐ ☐	☐ ☐ ☐

1

Wie wirken die Farben auf dich?

Welchen Namen würdest du dem Bild geben?

Welche Farbe gefällt dir am besten?

Welche Formen hat der Künstler verwendet? Kennst du noch andere Formen?

Wie viele Vierecke von diesen Farben gibt es? Notiere.

Stelle selbst Fragen zum Bild.

■ 8 ■ ___ ■ ___ ■ ___ ■ ___ ■ ___

2 Mit welchen Farben gestaltest du das Bild? Male.

1 Das Bild von Paul Klee „Neue Harmony" (1936) betrachten. Gestalterische Elemente erfassen und die Wirkung der Farben erfahren. **2** Ein eigenes Bild farblich gestalten.

1 Färbe weiter.

Wer ist dieser seltsame Elefant? Er heißt „Elmar“. Ein Elefant, der eine kunterbunte Hautfarbe hat. Alle Tiere des Urwaldes kennen ihn, weil er immer so lustig ist. In dem Kinderbuch „Elmar“ von David McKee kannst du ihn näher kennenlernen.

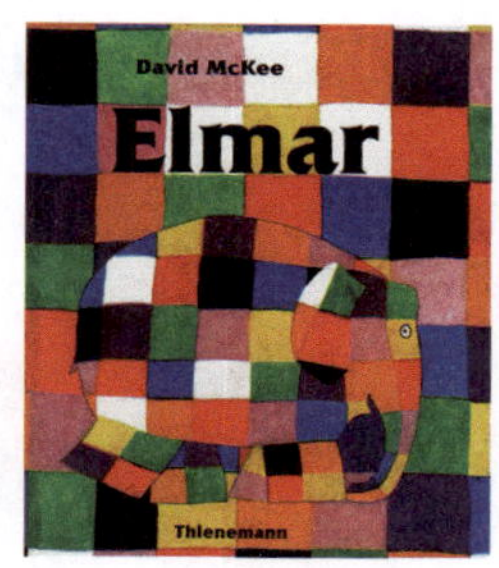

2 Gestalte die Tiere.

Wiederholung: Das habe ich neu gelernt!

1 Ergänze die Aufgabenfamilien.

112

9		
4 5	___ ___	___ ___
4 + 5 = ___	13 + 7 = ___	8 + 6 = ___
5 + ___ = ___	___ + ___ = ___	___ + ___ = ___
___ − ___ = ___	___ − ___ = ___	___ − ___ = ___
___ − ___ = ___	___ − ___ = ___	___ − ___ = ___

2

119

15 Uhr | 1 Uhr | 5 Uhr | 22 Uhr | 8 Uhr

3 Ergänze die Baupläne. Färbe.

122
123

| 2 | | |

| | | | |

| | | |

| | | | |

4 Verbinde die Aufgaben mit der passenden Gleichung und löse.

125

Im Park pflanzt die Gärtnerei 14 Kastanien und 5 Eichen. Insgesamt werden ___ Bäume gepflanzt.

$14 - 5 =$ ___

In die Bücherei kamen gestern 14 Jungen und 5 Mädchen. Gestern waren insgesamt ___ Kinder in der Bücherei.

Herr Flink holt 5 Stühle aus dem Speiseraum. Dort waren vorher 14 Stühle. ___ Stühle sind noch da.

$14 + 5 =$ ___

Am Teich stehen 14 Bänke. 5 Bänke sind besetzt. Es sind noch ___ Bänke frei.

1 Aufgabenfamilien bilden. **2** Uhrzeiten einander zuordnen. **3** Baupläne von Würfelgebäuden ergänzen und färben. **4** Aufgaben den Gleichungen zuordnen und lösen.

AH 96 **KV** 95, 127–129

1

85 92

10 + 8 = ___	4 + 7 = ___	16 − 1 = ___	14 − 7 = ___
16 + 4 = ___	7 + 8 = ___	18 − 3 = ___	11 − 6 = ___
12 + 7 = ___	1 + 9 = ___	20 − 9 = ___	13 − 5 = ___
18 + 2 = ___	8 + 5 = ___	17 − 0 = ___	12 − 8 = ___
19 + 0 = ___	9 + 6 = ___	15 − 5 = ___	15 − 9 = ___
18 18 19 19 20 20	10 11 12 13 15 15	10 11 15 15 16 17	4 5 6 7 7 8

2

74

+	2	5	7
11	13		
13			

+	4	9	8
6			
9			

+	3	6	
8	11		
7			14

−	4	0	5
16			
20			

−	6	8	7
14			
15			

−			8
12		3	
11	9		

3

98

12 + ___ = 18	9 + ___ = 12	15 − ___ = 11	14 − ___ = 6
16 + ___ = 19	5 + ___ = 14	17 − ___ = 14	11 − ___ = 4
13 + ___ = 15	8 + ___ = 16	12 − ___ = 12	13 − ___ = 9
14 + ___ = 20	7 + ___ = 15	16 − ___ = 15	16 − ___ = 8
17 + ___ = 17	6 + ___ = 13	20 − ___ = 13	15 − ___ = 9
0 1 2 3 6 6	3 7 7 8 8 9	0 1 3 4 5 7	4 6 7 8 8 9

4 Was kannst du für genau 17 Euro kaufen?
Finde verschiedene Möglichkeiten.

82

1–4 Sicherung des Basiswissens. **4** Preise miteinander kombinieren, um die angegebene Summe zu erreichen. Als Additionsaufgaben notieren.

Basiswissen

Zahlen

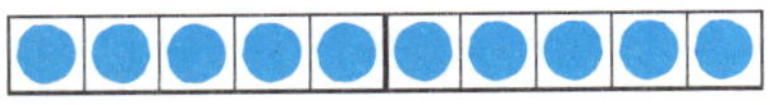

Zehner

Einer

1 Zehner = 10 Einer

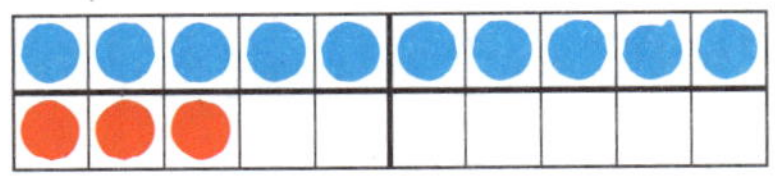

13 = 10 + 3

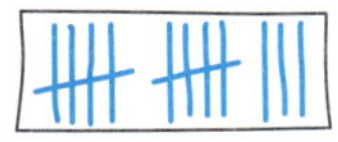

Z	E
1	3

dreizehn

Zahlen vergleichen 17 > 11 14 = 14 9 < 12

Rechnen

12 + 5

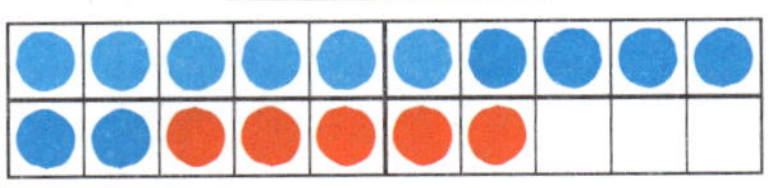

Kleine Aufgabe nutzen.

2 + 5 = 7
12 + 5 = 17

6 + 7

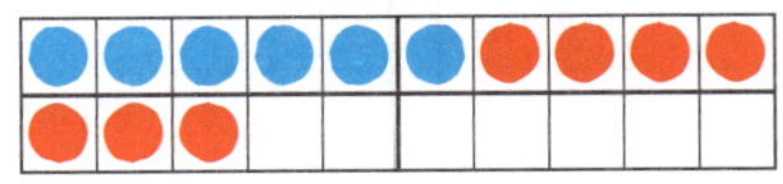

Zuerst bis zur 10.

6 + 4 = 10
10 + 3 = 13

18 − 3

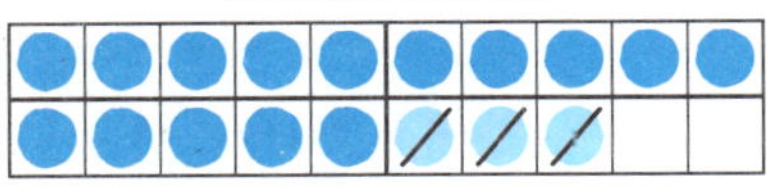

Kleine Aufgabe nutzen.

8 − 3 = 5
18 − 3 = 15

14 − 6

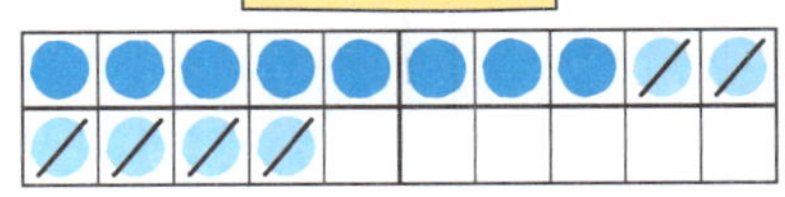

Zuerst bis zur 10.

14 − 4 = 10
10 − 2 = 8

Tauschaufgaben

3 + 8 = 11
8 + 3 = 11
Das Ergebnis bleibt gleich.

Umkehraufgaben

14 − 8 = 6
6 + 8 = 14
Gut zum Kontrollieren.

Größen

18 Cent

18 Euro

1 cm

9 Uhr
21 Uhr

Geometrie

Vierecke Dreieck Kreis

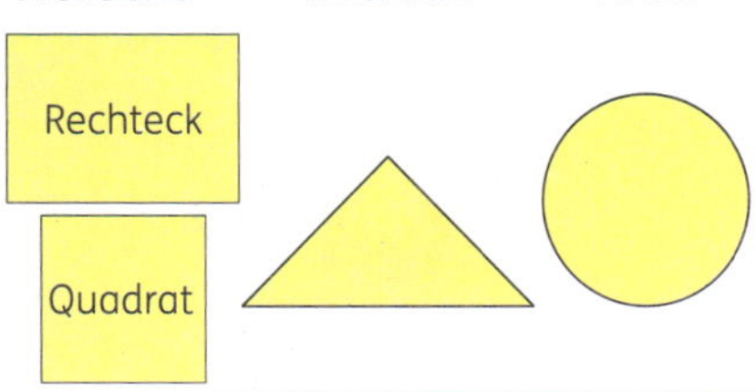

Gerade

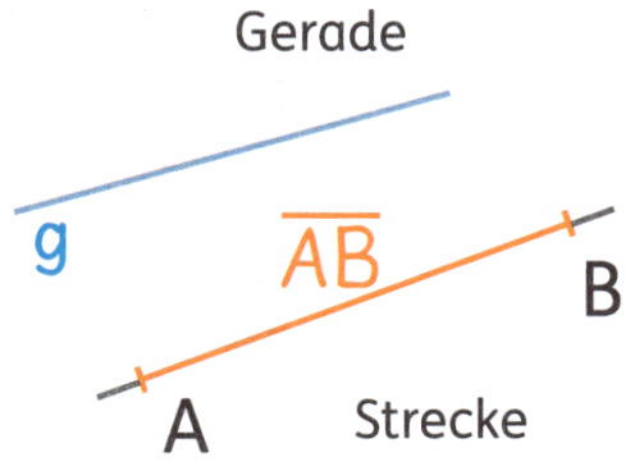

Strecke

Gebäude und Bauplan